떡 디자인 名人 최순자 선생의

고운 떡
정 담은 한과

떡 디자인 名人 최순자 선생의

고운 떡
정 담은 한과

BnCworld

떡이 세계적인 문화유산으로 인정받게 되기를 바라며…

돌아보면 떡과 함께 참으로 많은 시간을 보냈습니다. 때론 어려움도 있었고 고단함도 있었지만 떡으로 인해 즐거움과 보람이 더 많았던 지난날이었습니다. 떡을 매개로 많은 인연을 만났고 동종 업계의 많은 분들, 그리고 여러 매체와 의미 있는 작업을 하기도 했습니다. 그중에는 〈파티시에〉 잡지와의 작업도 빼놓을 수 없습니다. 떡에 대한 대중의 관심이 많아지고 떡카페가 늘면서 새로운 재료나 도구를 활용해 우리나라 떡과 한과 만드는 법을 소개했었지요. 이 책은 2007년부터 2017년까지 약 10년 동안 매달 〈파티시에〉에 연재한 '최순자의 아름다운 퓨전한과'에 실린 떡과 한과 중 일부를 엄선하고 재편집해 만들었습니다.

연재가 종료된 지 오랜 세월이 흐른 지금, 이제 와서 예전 자료들을 모아 책을 낸다는 것을 의아하게 생각하는 분도 있을 것입니다. 하지만 떡이나 한과는 예부터 전해지는 우리 고유의 전통 음식이자 간식이기에 만드는 방법은 크게 변하지 않습니다. 다만 예전에는 가까운 곳에서 쉽게 구할 수 있던 재료인데 지금은 찾기가 어려워 다른 재료를 쓴다거나 제과제빵 분야가 많이 발달한 만큼 떡이나 한과에도 접목시키기 좋은 방법이나 도구가 있을 수는 있습니다. 떡과 한과는 대부분 천연재료를 활용하기 때문에 현재도, 이후에도, 이 책에서 소개한 재료와 방법으로 제품을 만드는 데는 큰 어려움이 없을 것으로 사료됩니다. 또한 모든 레시피에 주재료인 쌀가루나 밀가루 등이 1kg 기준으로 되어 있어 가정에서도 부담 없이 만들어 볼 수 있으리라 생각됩니다.

제가 이전에 냈던 책 제목 '보기좋은 떡, 먹기좋은 떡'은 제가 한평생 떡을 만들며 입버릇처럼 하던 말입니다. 그동안 그 말 그대로 우리 떡과 한과를 보다 예쁘고 먹기 좋게 만들어 어느 곳에 내 놓아도 자랑스러운 한국 음식을 세계 곳곳에 알리기 위해 노력해 왔습니다. 최근 급격하게 커진 약과나 개성주악에 대한 관심이 무척 반갑습니다. 앞으로 더 나아가 다른 나라 사람들에게도 떡과 한과가 제대로 알려져 더 많은 사람들에게 사랑받고 또 그 명맥이 계속 이어져 나가기를 바랍니다.

요즘은 마음과 다르게 떡을 직접 만들지 못해 안타까운 마음이지만 여전히 머릿속에서는 매일 떡을 그리고 있습니다. 그럼에도 이 책을 낼 수 있었던 것은 멀리 떨어져 있지만 존재만으로도 고마운 제 딸의 든든한 응원과 지지, 그리고 오랜 시간 좋은 인연을 맺어온 비앤씨월드와 〈파티시에〉가 있었기 때문입니다. 마지막으로 이토록 오랫동안 한 분야에 머물며 이 자리에 올 수 있게 보살펴 주신 하나님께도 감사드립니다.

2024년 4월

최순자 🔲

세월이 빚어 낸 아름다운 떡

어머니가 만든 떡은 어머니를 참 많이 닮아 있습니다. 어머니의 온화하고 참한 아름다움이 어머니가 만든 떡에 그대로 배어납니다. 이 책에는 어머니가 그동안 떡을 만들며 지내 온 세월이 고스란히 담겨 있습니다. 어머니의 손길과 시간이 서려 있고 섬세함이 깃들어 있는 떡 한 점, 작은 고명 하나하나가 모두 어머니를 꼭 닮은 하나의 작품입니다. 차곡차곡 쌓아 온 시간과 작품들을 되짚어 보며 어머니의 흔적을 기록으로 다시 한번 남기고 싶었습니다.

어머니가 지내 온 그 세월 덕에 이제 우리는 예쁜 떡을 쉽게 접할 수 있게 되었습니다. 그럼에도 불구하고 어머니가 직접 빚은 것 같은 느낌의 떡을 찾기란 쉽지 않습니다.

어머니가 한 작품 한 작품을 완성할 때마다 짓던 행복한 미소가 아직도 눈에 선합니다. 이 책을 보는 모든 분들도 그러한 미소를 만나게 되길 바랍니다. 어머니의 세월이 빚어 낸 아름다운 떡을 이 책을 통해 만나 보세요.

미국에서 최순자의 딸

김상희 🔲

5

떡의 분류

떡은 보통 만드는 방법에 따라 구분한다. 증기로 익혀 내는 '찌는 떡', 찐 떡을 절구나 펀칭기에 넣어 찰기가 생기고 매끈해질 때까지 '치는 떡', 반죽을 끓는 물에 넣고 '삶는 떡', 기름을 달구어 익히는 '지지는 떡' 이렇게 네 가지로 분류할 수 있다.

찌는 떡(증병)

가장 기본이 되는 떡류로 각종 설기와 켜떡, 송편, 증편 등이 이에 속한다. 물에 불린 멥쌀이나 찹쌀을 가루로 만들어 떡의 종류에 따라 고물 또는 부재료를 넣고 시루에 안친 뒤 김을 올려 수증기로 쪄내는 형태의 떡이다.

설기떡은 떡의 켜를 만들지 않고 한 덩어리로 찐 시루떡이다. 멥쌀가루만 넣어 찐 백설기, 다른 부재료를 함께 넣어 찐 콩설기, 감설기, 밤설기, 쑥설기 등이 있다.

켜떡은 멥쌀이나 찹쌀가루를 안칠 때 켜와 켜 사이에 고물을 얹어 구분이 되도록 하여 찐 떡이다. 멥쌀가루로 만드는 경우 물을 넣어 안치고 찹쌀가루는 찜통에서 올라오는 수증기 속 수분만으로도 충분해 물을 섞지 않는다. 고사떡처럼 두툼하게 안친 것을 시루떡이라 하며 켜를 얇게 안친 것은 편이라 한다. 팥시루떡, 녹두편, 콩찰편, 깨찰편, 석탄병, 신과병 등이 있다.

송편은 멥쌀가루를 익반죽한 뒤 콩, 깨, 밤 등의 소를 넣고 모양을 빚어 찌는 떡이다. 다양한 모양으로 만들 수 있으며 주로 추석에 먹는다.

증편은 멥쌀가루에 막걸리를 넣어 발효시킨 후 틀에 넣어 찌는 떡이다. 술을 넣고 발효시켜 만들기 때문에 쉽게 상하지 않아 여름철에 많이 만든다.

치는 떡(도병)

시루에 쪄낸 찹쌀이나 멥쌀을 뜨거울 때 절구나 안반에 놓고 끈기가 나도록 치는 떡이다. 대표적인 떡으로는 멥쌀가루를 쪄서 치는 가래떡과 절편류가 있고, 찹쌀가루를 쪄서 치는 인절미가 있다. 요즘에는 많은 양을 만들 때에 절구나 안반을 대신하는 기계, 펀칭기를 사용한다.

가래떡은 멥쌀가루를 쪄서 친 다음 길게 원통형으로 만든 떡으로 주로 기계를 사용한다. 절편은 멥쌀가루를 쪄서 절구나 안반에 친 다음 떡살로 눌러 문양을 내고 먹기 좋게 자른 떡으로 부재료를 추가한 쑥절편, 송기절편, 수리취절편 등이 있다. 절편을 얇게 밀어 펴고 소를 넣어 반달 모양으로 찍어 만든 떡이 개피떡이며 바람떡이라고도 부른다.

인절미는 찹쌀이나 찹쌀가루를 쪄서 절구나 안반에 넣고 치댄 다음 적당한 크기로 썰어 고물을 묻힌 떡이다.

단자는 찹쌀가루를 쪄서 치댄 다음 모양을 빚어 고물을 묻히거나 소를 넣고 고물을 묻힌 떡으로 밤단자, 석이단자, 대추단자, 두텁단자 등이 있다.

삶는 떡(경단)

찹쌀가루나 수수가루를 익반죽해 구슬 모양이나 가운데 구멍이 뚫린 주악 모양으로 빚은 다음 끓는 물에 넣어 삶고 건져서 고물을 묻힌 떡이다. 수수가루로 빚어 붉은 팥고물을 묻힌 수수경단을 수수팥떡이라고 하며 아기의 건강을 기원하는 의미로 돌잔치 상에 올린다.

지지는 떡(유전병)

찹쌀가루에 뜨거운 물을 부어 익반죽한 다음 모양을 만들어 기름에 지져낸 떡으로 화전, 부꾸미, 주악 등이 있다.

화전은 찹쌀가루를 익반죽해 동글납작하게 빚은 다음 진달래, 맨드라미, 국화 등 계절에 따라 섭취가 가능한 다양한 꽃을 올려 지져낸 떡이다. 꽃 외에도 대추, 쑥갓. 잣 등의 고명을 활용해 꽃 모양으로 만들어 올리기도 한다.

부꾸미는 찹쌀가루나 수수가루를 익반죽해 동글납작하게 빚은 다음 기름에 지지고 가운데에 팥 등의 소를 넣고 반을 접어 붙인 떡이다.

주악은 찹쌀가루를 익반죽한 뒤 대추, 밤, 깨 등의 소를 넣고 둥글게 빚어 기름에 튀기고 꿀이나 시럽을 바른 떡으로 개성주악이 유명하다.

떡 만들기

쌀 씻기(세척)

맑은 물이 나올 때까지 여러 번 씻어 불순물을 제거한다. 깨끗이 씻은 다음에 물에 담가야 떡을 했을 때 쉽게 상하지 않아 보존성을 높일 수 있다.

불리기(수침하기)

쌀을 물에 담가 불리는 것을 수침이라고 한다. 쌀을 물에 불리면 단단하던 쌀알이 물을 흡수하면서 조직이 느슨해져 잘 분쇄되고 찔 때에도 호화가 잘된다. 보통 8~12시간 동안 불리지만 계절이나 물의 온도, 멥쌀인지 찹쌀인지에 따라 수침 시간을 달리한다. 충분히 불린 멥쌀은 무게가 1.2배 정도, 찹쌀은 1.4배 정도 증가한다. 찹쌀이 멥쌀보다 아밀로펙틴의 함량이 많아 수분흡수율이 10% 이상 높으며 쌀의 수분흡수율은 쌀의 품종이나 저장 기간, 물의 온도, 수침시간 등에도 영향을 받는다.

가루내기(분쇄)

불린 쌀은 소쿠리나 체에 건져 30분 이상 물기를 뺀 다음 소금을 넣고 가루를 낸다. 소금은 쌀 무게의 1% 정도인 쌀 1kg당 소금 8~10g을 넣는다. 따라서 통상적으로 떡을 만들 때 사용하는 멥쌀가루, 찹쌀가루에는 소금이 포함되어 있다고 보면 되지만 기성품의 경우에는 소금이 들어 있지 않을 수 있어 사용 전에 확인하는 것이 좋다. 멥쌀은 입자가 고울수록 떡이 맛있고 찹쌀은 입자가 너무 고우면 잘 쪄지지 않기 때문에 멥쌀은 두 번 내려 곱게 빻고 찹쌀은 한 번 빻아 사용한다.

물주기, 물내리기

쌀가루를 떡으로 만들기 위해서는 수분이 필요하다. 쌀가루에 물을 넣어 섞는 과정을 '물주기' 또는 '물내리기'라고 한다. 쌀가루에 첨가하는 물의 양은 쌀가루의 건조 정도에 따라 달라지는데 물을 준 후에 손으로 뭉쳐 깨지지 않을 정도가 알맞다. 보통은 멥쌀가루 1kg에 물 1컵을 섞는다. 찹쌀가루는 수증기만으로도 충분해 물주기를 하지 않아도 괜찮다.

체에 내리기(체질)

물주기를 한 쌀가루를 체에 내리는 것을 체질이라고 한다. 체에 내리면 쌀가루에 수분 및 착색 재료가 골고루 분산되고 입자가 균일해지며 가루 사이사이에 공기를 주입해 찔 때 수증기가 잘 통하게 된다. 수증기가 잘 통해야 고르게 익고 부드러운 식감의 떡을 만들 수 있다. 주로 찌는 떡을 만들 때 1~2회 체질을 하며 설탕은 수분을 빨아들이는 습성이 있어 물의 양을 맞춰 체에 내린 다음에 섞는다.

반죽하기(성형)

송편과 같이 빚어서 찌는 떡, 경단과 같이 빚어 삶는 떡, 화전이나 부꾸미 같이 지지는 떡에 필요한 과정이다. 찬물보다는 뜨거운 물로 익반죽하는 경우가 많은데 쌀가루의 특성상 글루텐 형성이 되지 않기 때문에 뜨거운 물로 익반죽해야 반죽에 끈기가 생기고 모양내기가 쉽다.

하지만 때때로 떡이 질어질 수 있어 주의해야 한다. 찹쌀가루 반죽은 찔 때 수증기 속 수분을 더 많이 흡수하므로 멥쌀가루 반죽에 비해 물을 더 적게 넣어야 한다.

부재료 넣기
쑥, 콩, 팥, 밤, 고구마, 대추, 호박고지 등의 부재료를 섞는 과정이다. 쌀가루에 섞어 설기 같은 무리떡을 만들거나, 부재료를 고물로 하여 쌀가루 사이에 켜켜로 안치거나, 송편이나 부꾸미처럼 소를 만들어 채운다. 부재료를 넣을 때는 부재료가 보유하고 있는 수분까지 고려해 물주기를 할 때 물의 양을 조절하는 것이 좋다. 부재료는 떡에 식감과 영양을 더하고 풍미를 향상시킨다.

안치기
먼저 쌀가루를 시루에 안치려면 찐 뒤에 떡이 잘 떨어지도록 시루밑을 깐다. 시루밑은 종이 포일이나 깨끗한 면포를 적셔 사용하기도 하지만 요즘에는 주로 실리콘 소재의 시루밑을 이용한다. 멥쌀가루를 안칠 때에는 체에 친 가루를 누르지 말고 살포시 담아 쌀가루의 윗면을 고르게 하고, 특히 켜떡의 경우에는 켜의 두께가 일정하게 되도록 떡가루 분량을 잘 배분한다. 찹쌀가루는 두텁게 안치면 익지 않는다.

찌기
떡은 뜨거운 수증기로 익히기 때문에 쌀가루를 안친 시루를 미리 끓여 김이 오른 찜통에 올려 쪄야 한다. 그리고 가열하면서 생긴 수증기가 뚜껑에 물방울로 맺혀 떡에 떨어지지 않도록 마른 면포를 덮거나 뚜껑을 마른 면포로 싸서 덮는다. 떡의 양이나 종류에 따라 차이가 있지만 일반적으로 강불에서 20~30분 정도 찐다.

설기는 한 덩어리로 쪄지는 떡이므로 찌고 나면 반듯하게 자르기가 어렵다. 그러므로 찌기 전에 쌀가루에 칼금을 넣어 찐 후에 쉽게 자를 수 있도록 한다.

찹쌀가루는 아밀로펙틴 함량이 많아 익을수록 뭉치는 성질이 있기 때문에 수증기가 쌀가루 사이사이를 통과하기 어렵다. 때문에 중간중간에 작은 공기 구멍을 내거나 얇게 안쳐 잘 익도록 해야 한다.

치기
인절미, 절편과 같이 치는 떡은 쪄낸 떡을 절구나 안반 등에 놓고 방망이로 표면이 매끄러워질 때까지 쳐 끈기를 증가시킨다. 이 과정으로 떡이 쫄깃해지고 노화도 늦춰진다. 대량을 만들 때는 펀칭기를 사용하면 시간을 단축시킬 수 있다.

식히기(냉각)
떡이 다 쪄지면 설기와 같이 크기가 크거나 모양이 흐트러지면 안 되는 떡은 큰 접시나 쟁반 등을 활용해 뒤집어 꺼낸다. 그리고 바로 다시 엎어 한 김 식히고 먹기 좋은 크기로 썰거나 모양을 낸다. 기계로 가래떡을 뽑을 때는 바로 찬물에 담가 빠르게 식힌다.

재료 이야기

주재료

한 가지 이상의 재료가
들어가야 떡 또는
한과를 만들 수 있는
필수 재료들이다.

멥쌀가루

깨끗이 씻은 멥쌀을 하룻밤 동안 불려 물기를 빼고 소금(쌀 1kg 당 소금 8~10g)을 넣어 방아기계로 빻는다. 빻은 멥쌀가루에 물을 넣어 섞는 것을 물주기라고 하는데, 건조된 정도에 따라 물의 양을 달리한다. 물을 준 후 손으로 뭉쳐 살짝 던져 보아 깨지지 않을 정도면 알맞다.

찹쌀가루

멥쌀과 마찬가지로 씻고 불려서 소금(쌀 1kg당 소금 8~10g)을 넣은 후 방아기계로 빻는다. 찹쌀가루는 점성이 강해 너무 곱게 갈면 입자끼리 달라붙어 잘 익지 않으므로 굵게 가는 것이 좋다. 또 멥쌀가루와 달리 20% 정도의 수분을 보유하고 있어 쉽게 변질되기 때문에 냉동 보관한다.

수수가루

찰수수를 낱알이 고르고 둥근 것으로 골라 깨끗이 씻고 일어서 이물질을 제거하고 2~3회 물을 갈아 주어 떫고 쓸쓸한 맛을 제거한다. 체에 건져 물이 빠지면 소금(1kg당 소금 8~10g)을 넣은 후 빻는다. 이렇게 만든 수수가루는 수수경단, 수수부꾸미 등을 만들 때 사용한다.

차조가루

차조는 푸르스름한 노란색을 띤다. 사용 전에 이물질을 골라내고 깨끗한 물에 씻은 뒤 조리로 일어 하룻밤 물에 불린다. 체에 건져 물기를 빼고 소금(1kg당 소금 8~10g)을 넣은 후 빻아 가루를 낸다. 오메기떡, 조침떡이 차조로 만드는 대표적인 떡으로 제주도의 향토떡 중 하나다.

감자녹말가루(감자전분)

시판용 감자전분도 있지만 떡을 만들 때에는 직접 만들어 사용하는 경우가 많다. 감자 껍질을 벗기고 강판에 갈아 베보자기에 넣고 꼭 짜면 뽀얀 물이 나오는데 그 물을 그대로 두어 앙금을 가라앉힌다. 윗물만 따라 버리고 남은 앙금을 말려 가루를 내면 감자녹말가루가 된다. 감자송편, 감자시루떡 등을 만들 때 사용한다.

밀가루

밀가루는 떡보다는 주로 한과에 사용한다. 글루텐 함량에 따라 강력분, 중력분, 박력분으로 나누는데 그중 떡이나 한과에는 중력분을 사용한다. 떡 중에서는 개성주악을 만들 때 찹쌀가루와 섞어 사용하고 매작과, 약과 등 한과를 만들 때 필요하다.

주재료와 섞어 맛과 향을
내는 재료들로 떡에
활용하는 방법과
보관 방법 등을 알고
미리 준비해 두는 것이
좋다.

쑥

쑥은 새순이 돋는 봄에 난 부드럽고 향긋한 어린 쑥을 사용한다.
5월 이후에 채취한 쑥은 질기고 쓴맛이 나기 때문에 제철에 어
린 쑥을 구해 데친 다음 물기를 짜 냉동 보관하는 것이 좋다.
또 말려서 가루를 낸 시판용 쑥가루를 천연착색료로 사용하기
도 한다. 쑥버무리, 설기, 절편, 인절미, 경단 등에 두루두루 활
용할 수 있다.

호박, 호박고지

호박은 크게 늙은호박이라 부르는 청둥호박과 단호박이 있다. 단
호박은 껍질을 벗기고 푹 찐 뒤 으깬 다음 쌀가루와 섞어 색과 맛
을 내는 데에 사용한다. 청둥호박은 껍질을 벗기고 도톰하게 썰
어 멥쌀가루와 섞고 고물과 켜켜로 안쳐 시루떡을 만든다. 단호
박과 청둥호박의 껍질을 벗기거나 껍질째 얇게 썰어 말린 것을
호박고지라 한다. 호박고지는 물에 살짝 불린 뒤 물기를 제거해
사용한다. 호박고지찰편과 같은 떡에 호박의 향, 단맛과 더불어
씹는 맛을 살리는 재료로 다양하게 활용한다.

석이

깊은 산 속 바위에 붙어서 자라는 까만색 버섯으로 말린 상태로 유
통된다. 따뜻한 물에 불려 손으로 비벼가며 깨끗한 물이 나올 때까
지 헹군 뒤 바위에 붙어 있던 단단한 부분을 떼어내고 물기를 꼭
짠다. 얇으므로 여러 장을 돌돌 말아 곱게 채 썬 뒤 각색편 등에 고
명으로 올리기도 하고 말려서 가루를 내 반죽에 섞기도 한다.

경앗가루

붉은팥고물을 만들 때와 같은 방법으로 붉은팥을 삶아 앙금을 내
어 햇볕에 말린 것이다. 무를 때까지 삶아 체에 걸러 껍질을 제거
하고 내린 팥을 고운 면포에 받쳐 물기를 제거한 뒤 다시 앙금을
팬에 넣고 약한 불로 저어가며 수분을 날린다. 볶을 때 소금, 설
탕을 넣기도 한다. 설기, 무지개떡 등을 만들 때 쌀가루와 섞어
색을 내기도 하고 참기름과 비벼 섞어 경단 등의 고물로 사용하
기도 한다.

송기가루

소나무의 속껍질인 송기는 소나무가 물기를 머금고 있을 때 벗겨
물에 불리고 푹 삶은 다음 바짝 말린다. 이를 분쇄한 것이 송기가
루이다. 갈색을 띠어 송편 등을 만들 때 쌀가루와 섞어 색을 낼
수 있으며 향균, 방부 작용을 한다.

오디

오디는 뽕나무에서 나는 열매로 5~6월에 열린다. 새콤달콤한 맛이 나며 검은색에 가까운 짙은 보라색이다. 표피가 얇아 쉽게 무르기 때문에 보관성이 좋지 않지만 청으로 만들면 오래 두고 사용할 수 있다. 오디를 깨끗이 씻은 뒤 물기를 제거하고 동량의 설탕을 넣어 재우면 즙이 빠져 나오는데 물 대신 오디즙을 반죽에 넣으면 색과 맛을 낼 수 있다. 열매는 건져 고명으로 사용해도 좋다.

색내기 재료

맛보다는 주로 색을 내는 목적으로 조금씩 첨가하는 재료들이다. 사용하는 종류에 따라 은은한 맛과 향이 나기도 하며 비슷한 색을 내는 다른 재료로 대체하더라도 대부분 큰 무리가 없다.

치자

치자나무에 열린 열매를 따 말린 것을 말한다. 물에 담그면 노란색이 우러나 천연 색소로 사용한다. 씻은 치자를 반으로 자르거나 조각낸 다음 따뜻한 물에 담가 우리는데 우리는 물의 양으로 색을 조절할 수 있다. 치자가루를 사용해도 된다.

호박

단호박을 무르게 쪄서 쌀가루와 섞어 색을 내기도 하고 늙은호박 또는 단호박의 껍질을 벗기고 얇게 썰어 바짝 말린 다음 곱게 갈아 사용하기도 한다. 늙은호박보다는 단호박의 색이 좀 더 진하고 선명하다.

송홧가루

봄철에 소나무에 핀 노란 송화를 따서 물에 넣고 여러 번 휘저어 쓴맛을 없앤 뒤 다시 말려 가루로 만든 것으로 매우 가볍다. 예부터 혈액 순환에 좋고 고혈압을 예방하는 효능이 있어 물에 타 즐겨 마셨다. 송화병 또는 다식을 만들 때 노란색을 내는 재료로 사용한다.

계핏가루

말린 계수나무의 껍질을 곱게 빻아 만든 계핏가루는 소량으로도 특유의 향과 알싸한 맛을 낼 수 있다. 향과 맛뿐만 아니라 쌀가루와 섞어 갈색을 내기도 한다.

녹차가루

시중에서 구하기 쉬워 떡에 녹색을 낼 때 쑥가루만큼 많이 사용하는 재료다. 쑥가루보다는 비교적 향과 색이 옅으며 쌉싸름한 맛을 가졌다.

보리새싹가루

겉보리를 싹을 틔워 10~20㎝ 정도 자랐을 때 수확한 뒤 건조시켜 가루를 낸다. 열에 강해 쌀가루와 섞어 색을 내면 찐 뒤에도 발색이 잘 된다. 그 외 녹색을 내는 대체 재료는 연잎가루, 세발나물가루 등이 있다.

자색고구마

일반 고구마와 달리 안토시아닌 색소가 풍부해 보랏빛을 띠는 자색고구마를 푹 찐 뒤 쌀가루와 섞어 색을 낸다. 송편, 무지개떡, 설기 등 떡뿐만 아니라 정과 재료로도 많이 사용한다. 찐 자색고구마를 으깨어 냉동하거나 말린 뒤 가루를 내 사용한다.

백년초가루

손바닥선인장의 열매인 백년초는 진한 붉은색이지만 열에 약해 찌고 나면 색이 흐려지고 변한다. 따라서 동결건조시켜 만든 제품의 색이 더 선명하다. 떡에 사용할 때에는 익힌 뒤에 쳐서 만드는 절편, 산병 등에 활용하는 것이 좋다.

천년초가루

천년초는 백년초와 달리 영하 20℃에서도 월동이 가능한 선인장의 열매로 열에도 강하다. 넣는 양에 따라 연한 분홍색부터 진한 분홍색을 낼 수 있어 설기, 송편, 증편 등 다양한 떡에 모두 활용 가능하다.

딸기가루

붉은색을 내기 위한 재료로 사용한다. 설탕에 재운 딸기에서 나온 수분으로 연한 분홍색을 낼 수 있으며 딸기는 말린 뒤 가루를 내 사용한다. 시중에 나와 있는 동결건조 딸기가루를 사용하면 좀 더 선명한 붉은 색을 낼 수 있다.

주스가루 등

천연 재료를 대체하거나 천연재료로 낼 수 없는 파란색과 같은 색은 시판용 주스가루를 사용한다. 딸기, 오렌지, 포도 등 다양한 주스가루로 색을 낼 수 있지만 당 성분이 포함되어 있어 유의해야 한다. 그 밖에도 코코아파우더, 과일 시럽 등과 같은 베이킹용 재료를 첨가해 색을 낼 수도 있다.

고물, 소, 고명

고물은 떡의 겉면에 묻히거나 쌀가루와 번갈아가며 켜켜이 안치거나 쌀가루와 섞어 사용하는 등 맛을 풍부하게 만드는 역할을 한다. 설탕, 꿀 등을 섞거나 재료 그대로를 송편, 부꾸미 등에 넣어 소로 사용할 수도 있다. 대추와 잣은 고물로도 활용하지만 손질하고 모양을 낸 뒤 떡 위에 고명으로 올리는 단골 재료이다.

녹두고물
깨끗이 씻은 녹두를 물에 넣어 5~6시간 불린 다음 손으로 비벼 껍질을 완전히 제거한다. 껍질 벗긴 녹두의 물기를 제거한 뒤 시루에 넣고 김이 오른 찜통에 올려 푹 찐다. 찐 녹두는 필요에 따라 방망이로 빻거나 체에 내리거나 알맹이째로 사용하며 시루떡, 설기, 인절미 등의 고물 또는 송편의 소 등에 활용한다.

거피팥고물
거피팥은 팥의 한 품종으로 껍질이 얇고 벗기기가 쉽다. 6시간 이상 물에 불린 거피팥을 손으로 문지르고 비비면 껍질을 제거할 수 있다. 껍질을 제거한 거피팥을 푹 쪄낸 뒤 바로 식히고 방망이로 빻아 체에 내려 사용한다. 각종 편, 단자 등의 고물 또는 송편 등의 소로 자주 쓰인다.

붉은팥고물
붉은팥을 깨끗이 씻어 이물질을 제거하고 냄비 등에 팥 양의 2배만큼의 물과 함께 넣어 삶는다. 한 번 끓어오르면 그 물을 버리고 다시 같은 양의 새 물을 부어 팥이 무를 때까지 삶는다. 물이 너무 많으면 물을 따라 내고 불을 줄인 뒤 뜸을 들이며 완전히 익히고 소금 간을 한 다음 나무 주걱으로 저어가며 고슬고슬하게 수분을 날리며 볶는다. 너무 푹 삶아 질어지지 않도록 주의하고 필요에 따라 절구에 넣고 적당히 으깨어 사용한다.

밤
껍질을 깐 밤을 3~4등분해 찹쌀, 쌀가루 등과 섞어 약식, 쇠머리찰떡, 석탄병 등을 만들 때 사용한다. 또 굵게 다져 두텁떡 등의 소로 자주 사용하며 얇게 편으로 썰거나 채썰어 설기, 약편 등에 고명으로도 올린다. 껍질을 깐 밤은 색이 변할 수 있기 때문에 설탕물이나 소금물에 넣었다가 물기를 제거해 사용하면 갈변현상을 막을 수 있다.

대추
떡에는 주로 말린 대추를 활용한다. 돌려 깎아 씨를 제거한 다음 밀대로 평평하게 밀어 펴 채를 썰거나 또는 돌돌 만 뒤 자르면 꽃 모양을 낼 수 있어 고명으로 자주 사용한다. 또 말린 대추를 물에 넣고 무르도록 푹 삶아 껍질과 씨를 체에 거르고 졸여 대추고를 만든 뒤 쌀가루와 함께 섞어 대추의 맛과 향을 더하기도 한다. 말린 대추 외에 9월경 수확한 풋대추를 과일처럼 활용할 수도 있다.

잣, 잣가루

잣은 마른 행주로 비벼 먼지 등 이물질을 제거한 뒤에 고깔을 떼어 내 손질한다. 잣을 그대로 또는 반으로 잘라 비늘잣을 만든 뒤 고명으로 올리기도 하고 도마 위에 깨끗한 종이를 깐 다음 칼로 다지거나 치즈 그라인더를 이용해 잣가루를 내어 고물로 사용한다. 잣에 유분이 많기 때문에 종이나 키친타월을 사용해 기름기를 제거해야 고슬고슬한 고물을 만들 수 있다.

깨(흰깨, 검은깨)가루

씻은 깨를 일어 이물질을 골라내고 비벼서 껍질을 벗긴 다음 다시 물에 씻어 껍질을 골라낸다. 껍질을 벗긴 깨를 실깨라 부르며 이를 다시 팬에 볶는다. 볶은 실깨를 절구 등으로 반쯤 으깨거나 곱게 간 뒤 소금 간을 해 고물로 활용하기도 하고 설탕을 섞어 송편의 소 등으로 사용한다.

콩가루

노란콩, 푸른콩, 서리태 등으로 만든다. 씻은 콩을 찌거나 볶아 익힌 다음 바짝 말려 분쇄하고 소금을 조금 넣어 섞은 뒤 체에 내린다. 찐 콩가루는 색이 좀 더 밝고 선명하며 주로 다식에 사용하고 볶은 콩가루는 인절미나 경단의 고물 등으로 활용한다.

풋콩

꼬투리가 완전히 여물기 전에 수확한 콩을 말한다. 여름부터 가을까지가 제철이지만 비닐하우스 재배로 4월경부터 구할 수 있다. 콩깍지가 불룩하고 가지런하며 선명한 녹색을 띠는 것이 좋으며 말리지 않아 식감이 부드럽고 신선하다. 데쳐서 냉동 보관했다가 끓는 물에 소금을 넣고 한 번 더 데치면 오래 사용할 수 있다. 감자송편, 신과병, 콩떡 등에 넣는다.

꽃

식용이 가능한 꽃잎을 떡 위에 올려 포인트를 주거나 주로 화전에 사용한다. 화전은 고려시대부터 만들어 온 떡으로 과거에는 진달래, 배꽃, 장미, 국화처럼 주변에서 구하기 쉬운 제철 꽃을 활용했다. 하지만 요즘에는 시중에 더 많은 종류의 식용 꽃과 차(茶)용, 약재용으로 만든 말린 꽃을 판매해 계절에 상관없이 다양한 꽃을 쉽게 구할 수 있다. 진달래의 경우 꽃을 딴 뒤 꽃술을 떼어 내고 깨끗이 씻어 식품건조기에 약한 열로 말리거나 급속 냉동시키면 그 색과 형태를 거의 온전하게 보존할 수 있다.

그 외

막걸리

소주와 달리 효소가 들어 있어 발효를 통해 반죽을 부풀려야 하는 증편 등의 떡을 만들 때 사용한다. 따라서 떡에 사용하는 막걸리는 살균 처리가 되거나 방부제가 들어 있는 막걸리가 아닌 '살아있는 효모', '생효모'가 표기된 제품을 사용해야 한다. 막걸리 특유의 향을 더하는 동시에 발효 과정을 거치며 소화를 돕고 더운 여름철에 떡이 쉽게 상하는 것을 방지한다.

소주

필수 재료는 아니지만 물의 일부를 소주로 대체하면 떡이 쉬는 것을 방지하는 일종의 방부제 역할을 하며 식감을 더 부드럽게 만들 수 있다. 또 소주의 알코올이 휘발되면서 물만 넣었을 때 질어질 수 있는 현상을 막아 줘 되기를 적당하게 조절하기도 한다.

기름

반죽에 넣거나 지지거나 튀기는 기름은 일반적으로 향이 없는 식용유를 사용한다. 떡에는 주로 찌고 난 다음 틀에서 떡이 잘 떨어지도록 하기 위해 틀에 바르거나 완성한 떡에 광택을 내고 마르지 않게 코팅하는 용도로 사용한다. 취향에 따라 어떠한 기름을 사용해도 무방하지만 절편과 같은 담백한 떡에는 참기름 또는 들기름이 잘 어울린다. 향이 너무 강하다 싶으면 식용유와 반씩 섞어 사용해도 좋다.

세반

산자나 유과의 겉면에 붙이는 세반은 찐 찹쌀을 말린 뒤 기름에 튀겨서 잘게 부순 싸라기를 말한다.

春

화사한 봄꽃으로 모양을 내거나 쑥, 진달래 등
봄에만 구할 수 있는 재료들을 사용한 떡을 모았다.
예부터 봄을 맞아 만들어 먹었던
다양한 봄의 떡이다.

봄 우전꽃 빠떡기

목련꽃 배설기

긴긴 겨울을 지나 피어난 꽃이라 더 애틋한 목련꽃. 배를 이용해 진짜 꽃처럼 고아한 목련꽃 정과를 만들었다. 녹색 설기의 은은한 색감이 우아한 목련꽃과 잘 어우러진다.

1 배정과의 껍질 부분을 잘라내고 타원형의 꽃잎 모양을 여러 장 만든다.

2 말린 자색무 한쪽을 가위로 잘게 자른 뒤 말아 꽃 수술을 만든다.

3 타원형으로 자른 배정과 5~6장으로 자색무 꽃 수술을 감싸 목련꽃 배정과를 완성한다.

🌾 재료

멥쌀가루 • 1kg
배즙 • 1컵
보리새싹가루 • 1작은술

목련꽃 배정과
배 • ½쪽
설탕 • 1컵
말린 자색무 • 적당량

 준비하기

○ 배의 씨를 제거하고 얇게 썬 다음 설탕 ½컵을 뿌려 절인다. 수분이 생기면 배를 건져 다시 설탕 ½컵을 뿌려 수분을 빼고 서늘한 곳에서 말려 배정과를 만든다. 배에서 빠져나온 수분은 배즙으로 사용한다.

4 멥쌀가루에 배즙을 넣고 골고루 비벼 체에 내린다.

5 4의 쌀가루 ⅓을 덜어 보리새싹가루를 넣고 고루 섞어 색을 낸다.

6 시루밑을 깐 시루에 모양 틀을 놓고 남은 쌀가루와 녹색 쌀가루를 넣은 뒤 김이 오른 찜통에 올려 20분 정도 찐다.

7 틀에서 빼 식힌 뒤 설기 가운데에 목련 꽃 배정과를 올려 마무리한다.

봄
깨맛떡

꿀맛떡

쩌낸 반죽 안에 설탕을 넣어 빚은 떡이다. 설탕이 떡의 수분을 빨아들여 떡 속에 설탕물이 고이기 때문에 한입 베어 무는 순간 달달한 설탕물이 터져 나와 모두에게 인기가 높다.

1 멥쌀가루에 물을 넣고 고루 비빈 다음 적당한 크기로 쥐어 시루밑을 깐 시루에 올린다.

2 김이 오른 찜통에 시루를 올려 10분 정도 찐다.

3 쩌낸 반죽을 적당히 뭉쳐 부드러워질 때까지 주물러 치댄다.

재료

멥쌀가루 • 1kg
물 • 2컵
설탕 • ½컵

색내기
딸기가루 • ⅓작은술
보리새싹가루 • ⅓작은술
호박가루 • 소량

마무리
기름 • 적당량

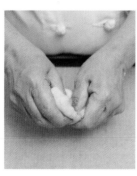

4 반죽을 30g씩 떼어 내 딸기가루, 보리새싹가루, 호박가루를 각각 넣고 섞어 색을 낸다.

5 남은 흰색 반죽을 16g씩 떼어 납작하게 누른다.

6 딸기가루로 색을 낸 분홍색 반죽을 5의 흰색 반죽 가운데에 조금 넣고 남은 흰색 반죽을 조금 떼어 윗면을 살짝 덮는다.

7 6을 뒤집어 가운데를 오목하게 만들고 설탕 ⅓작은술을 넣어 둥글납작하게 빚은 뒤 돌려가며 숟가락 손잡이 등으로 자국을 내 매화꽃 모양을 만든다.

8 보리새싹가루를 섞은 녹색 반죽으로 잎사귀 모양을 만든다.

9 떡의 옆면에 잎사귀를 붙이고 호박가루를 섞은 노란색 반죽으로 꽃술을 만들어 올린 뒤 기름을 바른다.

봄
사탕떡

사탕떡

네모반듯한 절편을 사탕 모양으로 만들었다. 은은한 파스텔 톤의 사탕떡은 보는 재미와 먹는 재미를 동시에 안겨 준다. 사탕 떡을 길게 늘여 꼬챙이에 돌돌 말면 막대사탕으로 변신도 가능하다.

1 멥쌀가루에 물을 넣고 손으로 비벼 고루 섞는다.

2 4개의 볼에 1의 쌀가루 조금 씩을 덜어 각각 쑥가루, 자색고 구마, 고구마, 딸기가루를 넣고 섞어 색을 낸다.

3 시루밑을 깐 시루에 한 덩어 리로 뭉친 5가지 반죽을 넣고 김이 오른 찜통에 올려 10분 정 도 찐다.

 재료

멥쌀가루 · 1kg
물 · 2컵

색내기
쑥가루 · 1큰술
자색고구마 · 1큰술
고구마 · 1큰술
딸기가루 · 1큰술

마무리
기름 · 적당량

준비하기

○ 자색고구마와 고구마는 쪄서 준비한다.

4 흰반죽을 4등분해 각각 밀대로 반듯하게 밀어 편 뒤 돌돌 만다.

5 스크레이퍼를 사용해 일정한 간격으로 선명하게 홈을 낸다.

6 색을 낸 떡 반죽을 가늘고 길게 늘여 5의 홈에 얹는다.

7 양 손으로 굴려 가래떡 굵기로 길게 늘인다.

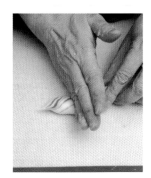

8 손날을 이용해 한입 크기로 자른 뒤 겉면에 기름을 바른다.

봄
오쟁이떡

오쟁이떡

씨앗을 담아 두는 주머니인 오쟁이 모양을 닮아 '오쟁이떡'이라 불린 이 떡은
이북지역에서 즐겨 먹던 떡이다. 쫀득한 식감과 떡 안에 들어 있는 팥고물의
담백함이 잘 어우러진다.

🌾 재료

멥쌀가루 ◦ 200g
물 ◦ 2큰술
찹쌀가루 ◦ 800g
말린 꽃 ◦ 약간

소
거피팥고물 ◦ 2컵
설탕 ◦ ½컵

마무리
기름 ◦ 적당량

🍲 준비하기

○ 거피팥고물에 설탕을 넣어
섞은 뒤 손으로 뭉쳐 새알
크기의 소를 만든다.

1 멥쌀가루에 물을 넣어 섞은
뒤 찹쌀가루를 넣고 섞는다.

2 시루밑을 깐 시루에 반죽을
얇게 편 뒤 김이 오른 찜통에 올
려 30분 정도 찐다.

3 찐 반죽을 꺼내 스크레이퍼로
사방 6㎝ 정사각형으로 자른다.

4 반죽 가운데에 소를 올리고
보자기 싸듯이 세 귀를 접어 소
를 감싼다.

5 접지 않은 쪽을 향해 이음매
가 바닥을 향하도록 돌돌 만다.

6 떡 위에 말린 꽃을 올리고 기
름을 바른다.

봄
사과볼기

사과설기

사과 절인 물을 멥쌀가루에 섞어 고운 분홍색이 나며 사과 향이 달콤하게 올라오는
사과설기이다. 윗면을 장식한 꽃분홍색 사과정과가 마치 봄에 핀 꽃 같다.

1 껍질째 얇게 썬 사과에 설탕을
약간 넣고 절인 다음 수분이 생
기면 건지고 한 번 더 반복한다.

2 사과 ½은 채반에 올려 건조
시키고 사과에서 나온 사과즙과
남은 사과는 보관한다.

3 건조시킨 사과를 반으로 자른
다음 하나에 칼집을 내고 돌돌
말아 수술을 만든다.

 재료

멥쌀가루 · 1kg
사과즙 · ½컵
소주 · ½컵

사과 정과
사과 · 2개
설탕 · 1컵

4 남은 하나는 가위로 오려 꽃잎
모양을 만들고 수술과 잎을 연결
해 꽃 모양 정과를 완성한다.

5 멥쌀가루에 사과즙과 소주를
넣고 골고루 비벼 섞은 다음 체
에 내린다.

6 남은 설탕과 정과를 만들고
남은 사과를 잘게 잘라 쌀가루
에 넣고 섞는다.

7 시루밑을 깐 시루에 원형틀을
놓고 6의 사과를 넣은 쌀가루를
안친다.

8 김이 오른 찜통에 시루를 올
려 20분 정도 찐 다음 틀에서
뺀다.

9 찜통에서 꺼내 식힌 설기 위
에 사과 정과를 올려 장식한다.

31

쑥털털이

쑥을 깨끗이 씻은 다음 멥쌀가루와 섞어 만든 쑥털털이. 시루에 떡을 안칠 때 쑥을 털털 털어 넣는 모습에서 그 이름이 유래되었다. 생쑥을 넣기 때문에 영양 손실이 적으며 쑥의 향긋한 향이 입맛을 돋운다.

1 멥쌀가루에 물을 넣고 손으로 골고루 비벼가며 섞는다.

2 체에 내린 뒤 설탕을 넣고 고루 섞는다.

3 2의 쌀가루 ⅓을 따로 덜어 내 준비한 쑥을 넣고 버무린다.

🌾 재료

멥쌀가루 • 1kg
물 • 1컵
설탕 • ½컵
쑥 • 10컵

🥘 준비하기

○ 쑥을 손질해 깨끗이 씻은 뒤 이물질을 제거하고 물기를 뺀다.

4 시루밑을 깐 시루에 3에서 남겨 두었던 쌀가루를 안친다.

5 윗면을 평평하게 정리하고 먹기 좋은 크기로 칼금을 넣는다.

6 3에서 쌀가루에 버무린 쑥을 얹은 뒤 김이 오른 찜통에 시루를 올려 20분 정도 찐다.

7 시루에서 꺼낸 뒤 가위로 칼금을 따라 쑥과 떡을 자른다.

봄 어쑥절편

애쑥절편

봄에 올라오는 파릇한 어린 쑥을 멥쌀과 섞어 애쑥절편을 만들었다. 부드럽고 향긋한 애쑥을 살짝 데쳐 냉동 보관해 두면 사시사철 담백하고 맛있는 쑥떡을 즐길 수 있다.

1 삶은 애쑥을 넣은 쌀가루에 물을 넣고 고루 섞는다.

2 한 덩어리로 뭉쳐질 때까지 반죽한다.

3 시루밑을 깐 시루에 반죽을 적당한 크기로 나누어 넣는다.

🌾 재료

멥쌀가루 • 1kg
삶은 애쑥 • 200g
물 • 1½컵

마무리

기름 • 적당량

🍲 준비하기

○ 멥쌀가루에 삶은 애쑥을 넣어 방아기계에 내린다.

4 김이 오른 찜통에 시루를 올려 10분 정도 찐다.

5 한 김 식으면 부드러워질 때까지 손으로 치댄 뒤 가래떡 굵기로 늘여 한입 크기로 자른다.

6 동글납작하게 빚는다.

7 전통무늬 떡살로 찍어 무늬를 낸다.

8 기름을 발라 마무리한다.

봄
매화블
기

매화설기

봄날의 매화를 콜라비정과로 만들어 코코아 설기 위에 올렸다. 콜라비는 비타민C 함유량이 많아 나른한 기운을 회복하는 데도 좋을 듯하다.

1 얇게 썬 콜라비에 설탕 ¼컵을 뿌려 절인 다음 수분을 빼고 건진 콜라비에 다시 설탕 ¼컵을 뿌려 수분을 뺀 뒤 서늘한 곳에서 하룻밤 정도 건조시킨다.

2 말린 콜라비를 반으로 접은 다음 칼집을 넣고 가장자리를 동그랗게 오려 꽃잎 모양을 만든다.

3 말린 단호박의 한쪽을 가위로 잘게 잘라 꽃술을 만든다.

🌸 재료

멥쌀가루 • 1kg
코코아파우더 • 1컵
콜라비즙 • 1컵
설탕 • ¼컵

콜라비 매화정과
콜라비 • ½쪽
설탕 • ½컵
딸기가루 • 1큰술
말린 단호박 • 적당량

❀ 도움말

○ 콜라비에서 나온 수분을 콜라비즙으로 사용한다.
○ 붉은색 매화꽃은 딸기가루를 추가해 절인다.

4 2의 매화 꽃잎 중앙에 꽃술을 자른 부분이 보이도록 넣어 콜라비 매화정과를 완성한다.

5 멥쌀가루에 코코아파우더, 콜라비즙을 넣는다.

6 골고루 비벼 체에 내리고 설탕을 넣어 고루 섞는다.

7 시루밑을 깐 시루에 모양 틀을 놓고 6의 코코아 쌀가루를 넣은 뒤 윗면을 정리한다.

8 김이 오른 찜통에 시루를 올려 20분 정도 쪄낸 뒤 떡을 꺼내고 틀에서 빼 식힌다.

9 식힌 코코아 설기 가운데에 매화정과를 올려 장식한다.

봄
진달래화전

진달래화전

우리 조상들은 해마다 삼짇날이면 진달래꽃으로 화전을 부쳐 먹었다고 한다.
반죽에 여러 색을 입혀 진달래꽃과 더욱 어우러지도록 만든 진달래화전으로
봄을 만끽해 보자.

🌸 재료

찹쌀가루 · 1kg
물 · 1컵
기름 · 적당량

색내기
딸기가루 · ½작은술
보리새싹가루 · ½작은술

고명
진달래꽃 · ½컵
쑥 잎 · 소량
설탕 · 적당량

1 찹쌀가루 ½을 다시 반으로 나누어 각각 딸기가루, 보리새싹가루를 섞어 색을 내고 물을 분량에 맞게 나누어 넣는다.

2 각각의 반죽을 치대어 반죽한 다음 밀대를 이용해 두께 1cm로 밀어 펴 정사각형 틀로 찍는다.

3 정사각형을 4등분해 4개의 작은 조각으로 만든다.

4 조각들을 같은 색이 이어지지 않도록 이어 붙여 다시 정사각형으로 만든다.

5 프라이팬에 기름을 두르고 달군 뒤 반죽을 넣고 앞뒤로 지져 익힌다.

6 진달래꽃, 쑥 잎을 올린 뒤 뒤집어 살짝 지지고 설탕을 뿌린 접시에 올려 화전에 설탕을 묻혀 낸다.

파인애플설기

파인애플의 노란 색감과 달콤한 향을 살려 만든 설기로 봄 분위기가 물씬 묻어 난다. 파인애플처럼 점성을 가진 과일을 사용할 때는 소주를 약간 더하면 떡의 식감이 훨씬 부드러워진다.

재료

파인애플 • 적당량
멥쌀가루 • 1kg
물 • ⅓컵
설탕 • ½컵

1 얇게 썬 파인애플에 설탕(분량 외)을 넣고 절인 다음 체에 올려 하룻밤 정도 건조시킨다.

2 건조시킨 파인애플을 부채꼴 모양으로 자르고 가위집을 넣은 뒤 돌돌 말아 심을 만든다.

3 남은 파인애플은 꽃잎 모양으로 오린다.

4 심 주위로 오린 꽃잎을 둘러 준 다음 모양을 잡아 가며 펼쳐 파인애플 꽃 정과를 만든다.

5 멥쌀가루에 물, 블렌더로 간 파인애플 ⅔컵을 넣고 골고루 비벼 섞어 체에 내린다.

6 설탕을 넣고 고루 섞는다.

7 시루밑을 깐 시루에 쌀가루를 넣어 윗면을 평평하게 한 다음 꽃 모양 틀을 꽂아 넣는다.

8 김이 오른 찜통에 시루를 올려 20분 정도 찌고 설기를 틀에서 빼낸다.

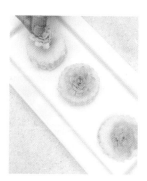

9 식힌 설기 위에 파인애플 꽃 정과를 올려 장식한다.

봄
꽃산병

꽃산병

떡 위에 그림 같은 꽃을 올리고 떡살로 찍어 모양을 냈다. 날이 풀리는 포근한 봄날 다과상에 올리면 더 없이 좋을 꽃산병을 소개한다.

1 준비한 떡 반죽 150g을 떼어 낸 뒤 반으로 나눈 다음 각각 천년초가루의 양을 조절해 넣고 주물러 한 덩이는 연하게, 한 덩이는 진하게 물들인다.

2 준비한 떡 반죽 50g을 떼어 내 보리새싹가루를 넣고 주물러 색을 낸다.

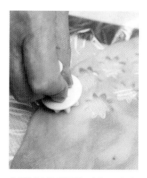

3 연분홍색 반죽을 밀대로 밀어 편 뒤 큰 꽃 틀로 찍어 모양을 낸다.

재료

멥쌀가루 · 1kg
물 · 2컵

색내기
천년초가루 · 1작은술
보리새싹가루 · ½작은술

고물
거피팥고물 · 5컵
설탕 · ½컵

마무리
기름 · 적당량

4 진분홍색 반죽을 밀대로 밀어 펴고 작은 꽃 틀로 찍어 모양을 낸다.

5 연분홍 큰 꽃 위에 진분홍 작은 꽃을 올린다.

6 남은 흰 떡 반죽 20g을 납작하게 눌러 가운데에 준비한 거피 팥고물을 넣고 둥글게 빚는다.

준비하기

○ 멥쌀가루에 물을 주고 시루에 안쳐 찐 다음 볼에 옮겨 차지게 뭉쳐질 때까지 방망이로 쳐 떡 반죽을 준비한다.
○ 거피팥고물에 설탕을 넣어 섞은 뒤 새알 크기로 뭉쳐 둔다.

7 보리새싹가루 반죽을 꽃받침 모양으로 만들어 올린다.

8 꽃받침 위에 5의 분홍색 꽃을 겹쳐 얹는다.

9 떡살로 찍어 납작하게 누른 뒤 기름을 발라 마무리한다.

봄
쑥갠떡

쑥갠떡

봄에 나는 쑥을 직접 삶아 만든 쑥갠떡은 쑥가루를 사용하는 것보다 훨씬 향긋하다.
익반죽 하지 않아 더욱 쫄깃한 쑥갠떡을 만나 보자.

1 멥쌀가루에 삶은 쑥, 물, 설탕을 넣고 반죽한다.

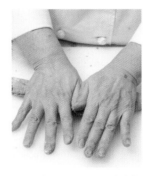

2 반죽을 양손으로 굴려 가래떡 굵기로 길게 늘인다.

3 스크레이퍼를 이용해 한입 크기(약 20g)로 비스듬히 자른다.

🌸 재료

멥쌀가루 • 1kg
삶은 쑥 • 300g
물 • ½컵
설탕 • 1큰술

마무리
기름 • 적당량

🍲 준비하기

○ 쑥을 삶아 잘게 썰어 둔다.

4 랩을 씌운 나뭇잎 틀 위에 놓고 눌러 무늬를 낸다.

5 스크레이퍼로 좀 더 선명하게 무늬를 낸다.

6 손으로 매만져 좀 더 자연스러운 나뭇잎 모양으로 보이도록 다듬는다.

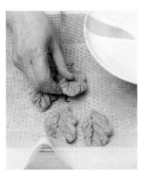

7 시루밑을 깐 시루에 넣고 김이 오른 찜통에 올려 30분 정도 찐 다음 기름을 바른다.

봄
햇쑥산병

햇쑥산병

절편 반죽으로 만든 바람떡의 일종인 산병은 소를 넣어 둥글게 만든 떡을 2~3개씩 붙여 모양을 낸 것이다. 워낙 모양이 예쁘고 색이 고운 떡이라 큰 잔치 때 장식용으로 놓았다고 한다.

1 멥쌀가루에 물을 넣고 한 덩어리가 될 때까지 반죽한다.

2 시루밑을 깐 시루에 반죽을 적당한 크기로 떼어 넣고 김이 오른 찜통에 올려 10분 정도 찐다.

3 찐 반죽 일부에 햇쑥가루를 넣고 반죽해 색을 낸다.

🌸 재료

멥쌀가루 • 1kg
물 • 2컵

색내기
햇쑥가루 • ½작은술
딸기주스가루 • ½작은술

소
호박앙금 • ½컵
녹두가루 • 1컵
호두(잘게 다진 것) • 적당량

4 쑥가루 반죽을 밀대로 얇게 밀어 편 다음 원형 틀로 찍는다.

5 흰색 반죽의 일부를 떼어 딸기주스가루로 색을 낸 다음 밀대로 얇게 밀어 펴 2가지 크기의 꽃 모양 커터로 찍는다.

6 호박앙금, 녹두가루, 호두를 섞어 소를 만든 뒤 새알 크기로 뭉쳐 놓는다.

7 흰색 반죽을 20g씩 분할한 다음 소를 넣고 동그랗게 오므린다.

8 4의 쑥 반죽에 겹쳐 올리고 숟가락 손잡이 등 납작한 도구로 눌러 꽃 모양을 만든다.

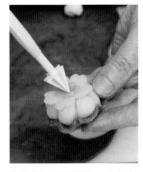

9 윗면에 5에서 만든 크기가 다른 분홍색 꽃 모양 반죽 2개를 겹쳐 올린 뒤 가운데를 마지팬 스틱으로 찍어 고정시킨다.

삼색증편 아카시아꽃

증편은 막걸리를 발효시켜 만들기 때문에 소화가 잘되고 은은한 막걸리 향과 입 안에서 감도는 달콤함의 조화가 매력이다. 모양만 두고 보면 자칫 밋밋할 수 있는 기본 증편에 천연 재료로 색을 더하고 아카시아꽃잎을 곁들여 멋스럽게 만들어 보았다.

🌸 재료

막걸리 • 1컵
물 • 2컵
설탕 • 1컵
멥쌀가루 • 1kg

색내기
딸기가루 • 1작은술
오렌지가루 • 1작은술
녹차가루 • 1작은술

모양내기
말린 아카시아꽃 • 1컵

1 볼에 막걸리, 물, 설탕을 넣고 설탕이 녹을 때까지 섞는다.

2 체에 내린 멥쌀가루를 넣고 섞은 뒤 30℃에서 5시간 정도 1차 발효시킨다.

3 나무주걱으로 가르듯이 저어 기포를 없애고 1시간 정도 2차 발효시킨다.

4 3의 반죽을 3등분해 각각 딸기가루, 오렌지가루, 녹차가루를 넣고 섞는다.

5 기름칠을 한 작은 원형 틀에 3가지 색의 반죽을 각각 80%까지 넣고 7~8분 정도 3차 발효시킨다.
❋ 찌면서 부풀기 때문에 80% 정도가 적당하다.

6 시루밑을 깐 시루에 5를 넣고 김이 오른 찜통에 올려 30분 정도 찐 다음 틀에서 빼 말린 아카시아꽃으로 장식한다.

봄
부꾸미

부꾸미

보리새싹가루를 넣어 연둣빛이 도는 소를 넣고 떡의 귀퉁이를 올려붙여 봄에
어울리는 부꾸미를 만들었다. 떡에 곱게 색을 입히고 고명의 빛깔을 잘 맞추어 올리면
포근한 봄기운과 더욱 잘 어울리는 떡이 완성된다.

1 거피팥고물에 보리새싹가루
를 넣는다.

2 설탕을 넣고 고루 섞으며 연
두색으로 물들인다.

3 적당량을 떼어 내 새알 모양
으로 만들어 거피팥고물 소를
만든다.

🌾 재료

찹쌀가루 • 1kg
물 • 1컵
기름 • 적당량

소
거피팥고물 • 500g
보리새싹가루 • 1큰술
설탕 • ½컵

4 찹쌀가루에 물을 넣고 치대어
매끄러운 반죽을 만든다.
❋ 일부에 딸기가루(분량 외)를
넣어 분홍색으로 물들인다.

5 반죽을 밀대로 밀어 펴 삼각
형 틀로 찍어 낸다.

6 팬에 기름을 두르고 반죽을
넣어 앞뒤로 지져 익힌다.

7 지져 낸 반죽 가운데에 준비
해 둔 소를 넣고 세 귀를 한데
올려붙인다.

8 윗면에 꽃 모양을 낸 떡(분량
외)을 올려 장식한다.

무지개떡

무지개떡

색감이 곱고 단맛이 있어 아이들이 좋아하는 무지개떡을 꼬챙이에 꽂아 쉽게 먹을 수 있도록 만들었다. 어린이날 간식으로도, 아이들 생일파티 음식으로도 제격이다.

1 멥쌀가루에 물을 넣고 고루 섞어 5등분한 뒤 하나는 그대로 두고 나머지 넷에는 색내기 재료를 각각 넣어 섞는다.

2 색을 낸 노란색, 초록색, 분홍색, 보라색 반죽을 각각 체에 내린다.

2-1 체에 내린 5가지 색의 쌀가루.

🌸 재료

멥쌀가루 • 1kg
물 • 1컵
설탕 • 1컵

색내기
찐 단호박 • ½컵
세발나물(가루) • 1큰술
딸기주스가루 • 1큰술
찐 자색고구마 • ½컵

3 각각의 쌀가루에 설탕을 나누어 넣고 섞는다.

4 시루밑을 깐 시루에 정사각형 틀을 올린 다음 바닥에 흰색 반죽을 깐다.

5 나머지 쌀가루를 한 가지 색을 올릴 때마다 윗면을 평평하게 정리하며 분홍색→노란색→보라색→초록색 순으로 쌓는다.

6 먹기 좋은 크기로 칼금을 넣는다.

7 칼금으로 나누어 둔 각각의 조각에 꼬챙이를 꽂아 구멍을 낸 뒤 꼬챙이를 뺀다.

8 김이 오른 찜통에 시루를 올려 20분 정도 찐 다음 떡을 빼고 칼금대로 하나씩 떼어 구멍에 꼬챙이를 꽂는다.

송화병

매년 5~6월이면 바람에 흩날리는 송홧가루로 만든 건강 간식이 바로 송화병이다.
송기가루 반죽과 송홧가루 고명이 어우러져 내는 떡의 색감과 특유의 풍미가
인상적이며 단맛이 적으므로 대추 시럽, 꿀, 조청 등을 찍어 먹으면 더욱 맛있다.

1 물 조금에 송기가루, 계핏가루를 넣어 갠다.

2 고명에 쓸 멥쌀가루를 조금 덜어 둔 다음 나머지 멥쌀가루에 1과 물 적당량을 넣어 섞는다.

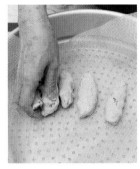

3 시루밑을 깐 시루에 2의 반죽을 적당한 크기로 쥐어 넣은 다음 김이 오른 찜통에 올려 10~15분 정도 찐다.

🌼 재료

물 • 1컵
송기가루 • 3큰술
계핏가루 • 1큰술
멥쌀가루 • 1kg

색내기
송홧가루 • 1큰술
보리새싹가루 • 적당량

마무리
기름 • 적당량

4 찐 떡을 부드러워질 때까지 주무른 다음 가래떡 모양으로 늘이고 손날로 잘라 18g씩 분할한다.

5 2에서 남겨둔 멥쌀가루에 남은 물을 넣고 섞어 찐 다음 ½ 분량에 송홧가루를 묻혀 노란색 반죽을 만든다.

6 5에서 남은 흰 떡에 보리새싹가루를 넣고 섞어 초록색 반죽을 만든다.

7 꽃문양 떡살의 누르는 면에 노란색 반죽과 초록색 반죽을 모양에 맞게 채워 넣는다.

8 4의 떡을 둥글납작하게 빚어 윗면에 7의 꽃문양 떡살을 눌러 찍는다.

9 솔을 사용해 기름을 발라 마무리한다.

노비송편

노비송편

예로부터 우리 선조들은 음력 2월이 되면 일꾼들에게 먹일 '노비송편'을 만들었다고 한다. 노비송편은 한 해 농사일을 시작할 일꾼들의 노고를 위로하고 풍년을 기원하는 마음을 담아 만든 떡이다. 그래서인지 일반 송편보다 모양이 큼직한 것이 특징. 나이 수만큼 노비송편을 먹으면 무병장수한다는 재미있는 속설도 전해 내려온다.

1 거피팥고물에 설탕을 넣고 섞은 다음 새알보다 조금 더 큰 크기로 뭉쳐 소를 만든다.

2 멥쌀가루에 끓는 물을 넣고 치대어 한 덩어리가 될 때까지 반죽한다.

3 2의 반죽을 300g 한 덩이와 350g 두 덩이로 나누어 300g 한 덩이는 그대로 두고 350g 반죽 하나에는 계핏가루를 넣어 섞는다.

🌾 재료

멥쌀가루 • 1kg
끓는 물 • 2큰술
솔잎 • 적당량

색내기
계핏가루 • ½작은술
쑥가루 • ½작은술

소
거피팥고물 • 2½컵
설탕 • ½컵

마무리
참기름 • 적당량
식용유 • 적당량

4 나머지 350g 한 덩이에는 쑥가루를 넣어 섞는다.

5 각 반죽을 길게 늘여 25g씩 분할하고 중앙을 움푹하게 눌러 소를 넣고 감싼다.

6 입술 모양으로 빚은 뒤 이음매가 정면을 향하게 구부린다.

7 시루 바닥에 솔잎을 깐 뒤 찜용 종이 포일을 올리고 그 위에 빚은 반죽을 넣어 김이 오른 찜통에서 30분 정도 찐 다음 함께 섞은 참기름, 식용유를 바른다.

더운 날씨로 입맛을 잃기 쉬운 여름,
새콤달콤한 과일을 활용한 떡으로 입맛을 돋우어 보자.
콩이나 제철 감자를 사용해 한끼 식사를 대신하거나
간식으로 즐길 수 있는 떡도 함께 소개한다.

살구설기

설기에 주홍색 살구정과를 올려 시각, 미각, 식감에 포인트를 주었다. 정과와 설기 속의 살구가 달콤새콤한 맛으로 입 안에 스며들어 맛깔스러운 인상을 더한다.

1 냄비에 물엿, 설탕을 넣고 약한 불로 설탕이 녹을 때까지 끓인 다음 미지근해질 때까지 식힌다.

2 건조 살구를 넣어 하루 정도 절인다.
❋ 살구는 열에 민감해 시럽이 뜨거울 때 넣으면 색이 변한다.

3 살구를 건져 그늘 또는 식품건조기에서 낮은 열로 하루 정도 물기가 없어질 때까지 말린다.
❋ 만든 뒤에는 냉장 보관한다.

🌾 재료

멥쌀가루 • 1kg
와인 • ½컵
물 • ½컵
설탕 • 1컵
다진 건조 살구 • ½컵

살구정과
물엿 • 500g
설탕 • 100g
건조 살구 • 200g

🍲 준비하기

○ 건조 살구는 깨끗이 씻어 물기를 제거한다.

4 멥쌀가루에 와인, 물을 넣고 골고루 비벼 섞는다.

5 체에 내린 뒤 설탕을 넣고 섞는다.

6 시루밑을 깐 시루에 원형 틀을 놓고 5의 쌀가루를 평평하게 안친 다음 물방울 모양 틀을 꽂아 자국을 내고 틀 안쪽에 다진 건조 살구를 골고루 뿌린다.

7 김이 오른 찜통에 시루를 올려 30분 정도 찐 다음 원형 틀을 제거한다.

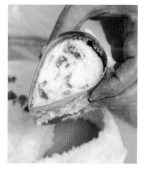

8 6에서 물방울 모양 틀을 올렸던 자국을 따라 다시 한 번 틀로 찍어 낸다.

9 설기 위에 3의 살구정과를 올린다.

막걸리증편

막걸리 증편

삼복더위에 해먹는 여름 떡 증편. 증편은 막걸리로 발효시켜 시간이 오래 걸리긴 하나 그만큼 다른 떡보다 오래 두고 먹을 수 있다는 것이 장점이다. 거창한 재료가 필요 없고 여름에는 상온에서도 충분히 부풀기 때문에 손쉽게 만들 수 있다.

1 멥쌀가루를 체에 내린다.

2 막걸리, 설탕, 물을 섞어 설탕을 녹인 뒤 체에 내린 멥쌀가루에 넣는다.

3 덩어리가 없도록 잘 섞은 뒤 30℃에서 4시간 정도 1차 발효시키고 주걱으로 갈라 기포를 꺼뜨린다.

재료

멥쌀가루 • 1kg
막걸리 • 1½컵
설탕 • 1컵
물 • 2컵

고명
밤채 • 적당량
대추채 • 적당량
석이채 • 적당량

마무리
기름 • 적당량

4 다시 1시간 정도 2차 발효시킨 뒤 기포를 꺼뜨린다.

5 기름칠을 한 틀 안에 반죽을 넣어 윗면을 평평하게 한다.

6 5 위에 정사각형 모양으로 구멍이 뚫려 있는 틀을 올린다.

7 틀의 구멍 안쪽에 밤채, 대추채, 석이채를 올린다.

8 시루 안에 7을 넣고 구멍이 뚫린 틀을 들어 올려 뺀 다음 찜통에 올려 3차 발효가 되도록 찬물부터 서서히 끓이면서 찐다.

9 윗면에 기름을 바르고 틀에서 뺀 뒤 비닐을 덮어 정사각형 모양에 맞춰 자른다.

겨울
쌈떡

쌈떡

절편 반죽으로 쌈을 싸듯 떡을 만들어 보자. 밤을 넣고 빚은 떡에 꽃 모양 장식을 올려 단아하게 마무리했다.

1 절편을 3등분해 하나는 흰색으로 두고 나머지 두 개에 각각 딸기가루, 파란색 주스가루를 넣어 연분홍, 연한 파란색 반죽을 만든다.

2 1의 흰색 절편 20g을 떼어 내 얇게 밀어 펴 준비해 둔 진분홍색 떡을 겹쳐 올린다.

3 꽃 모양 틀로 찍어 낸 뒤 흰 절편의 중앙을 마지팬 스틱으로 살짝 눌러 주름을 만든다.

재료

멥쌀가루 · 1kg
물 · 2컵

색내기
딸기가루 · 적당량
파란색 주스가루 · 적당량

소
밤 · 적당량

마무리
식용 허브 · 적당량
기름 · 적당량

4 1에서 만든 세 가지 색 절편을 각각 밀대로 얇게 밀어 편다.

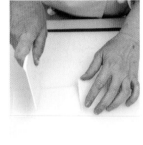

5 스크레이퍼를 사용해 정사각형으로 자른다.

6 중앙에 밤으로 만든 소를 올린다.

준비하기

○ 멥쌀가루에 물 1½컵을 넣고 골고루 섞어 시루에 안치고 10분 정도 찐 다음 남은 물 ½컵을 넣어 방망이로 뭉쳐질 때까지 쳐 절편을 만든다.
○ 절편 15g을 떼어 내 딸기가루를 넣고 진분홍색으로 물들여 얇게 밀어 편다.
○ 밤은 삶은 뒤 속껍질까지 제거하고 으깬 다음 새알만한 크기로 뭉쳐 소를 만든다.

7 네 모서리를 접어 올려 소를 감싼다.

8 식용 허브, 3에서 만든 꽃 모양 장식을 올린다.

9 노란색으로 물들인 절편(분량 외)을 작고 둥글게 빚어 8의 꽃 중앙에 올리고 기름을 바른다.

개피떡

개피떡은 '얇은 껍질로 소를 싸서 만들었다'는 뜻의 갑피떡에서 유래되었다. 소를 넣고 접어 반달 모양으로 찍을 때 공기가 들어가 볼록해지기 때문에 '바람떡'이라고도 한다. 소로는 녹두나 콩, 팥고물 등이 쓰이는데 이번에는 거피팥고물을 넣었다.

1 거피팥고물에 설탕을 넣어 섞은 뒤 5g씩 뭉쳐 거피팥고물 소를 준비한다.

2 멥쌀가루에 물을 넣고 반죽한 뒤 적당한 크기로 쥐어 시루밑을 깐 시루에 안친다.

3 김이 오른 찜통에 올려 10분 정도 찐 다음 부드러워질 때까지 손으로 주무른다.

🌸 재료

멥쌀가루 • 1kg
물 • 2컵

색내기
백년초가루 • 1작은술
파란색 주스가루 • 1작은술

소
거피팥고물 • 500g
설탕 • 100g

마무리
기름 • 적당량

4 떡을 100g씩 두 덩이를 떼어 각각에 백년초가루, 파란색 주스가루를 섞어 색을 낸다.

5 남은 흰떡을 두께 0.5cm로 밀어 편다.

6 5의 흰떡 위에 지름 1cm 굵기로 늘인 파란색, 분홍색 떡을 올리고 말아 감싼다.

7 6의 떡 반죽을 가위로 약 15g이 되도록 자른다.

8 색을 낸 부분이 가운데에 오도록 스크레이퍼로 누르고 비벼 둥글납작하게 편다.

9 8의 가운데에 1의 소를 올린 뒤 반으로 접어 감싸고 둥근 컵으로 찍어 반달 모양으로 만든 다음 기름을 바른다.

오디증편

술떡 또는 기주떡으로도 불리는 증편은 다른 떡들과는 달리 발효 과정을 거치며 반죽이 부풀어 올라 구멍이 생기는 것이 특징이다. 보드라운 식감과 단맛, 신맛이 적절히 나는 것이 바로 증편의 매력. 여기에 오디즙을 넣어 새콤달콤한 맛을 배가시켰다.

1 막걸리와 물에 설탕을 넣고 설탕이 녹을 때까지 섞는다.

2 멥쌀가루에 1을 넣고 기포가 생길 때까지 한쪽 방향으로 저은 뒤 4~6시간 정도 반죽이 두 배 정도 부풀 때까지 1차 발효시킨다.

3 나무주걱을 세워 반죽을 자르듯이 섞어 기포를 없애고 1시간 정도 2차 발효시킨다.
※ 기포를 제거하지 않은 채로 찌면 증편에 큰 구멍이 생긴다.

재료

막걸리 • 1컵
물 • 2½컵
설탕 • 1컵
멥쌀가루 • 1kg
오디청 • 적당량

고명
호박씨 • 적당량

 준비하기

○ 오디청에서 오디를 건지고 물기를 제거해 고명으로 사용하고 남은 즙을 오디즙으로 사용한다.

4 3의 반죽에 오디즙을 넣어 보라색으로 물들인다.

5 기름칠을 한 틀에 4에서 완성한 반죽을 채운다.

6 시루에 넣고 김이 오른 찜통에 올려 30분 정도 찐다.

7 꼬챙이 등으로 살짝 들어 올려 틀에서 분리한다.

8 오디와 호박씨를 올려 장식한다.

깨구리떡

깨구리떡

누에고치 모양으로 만든 떡에 깨가루를 고물로 묻혀 깨구리떡을 만들었다. 본래는 찹쌀가루 반죽에 밤소를 넣고 잣고물을 묻혀 '잣구리'로 즐겨 먹는데 잣고물에 굴리면 잣구리, 깨고물에 굴리면 깨구리 등 여러 가지로 변신이 가능하다.

1 물에 동량의 설탕을 넣어 끓인 다음 식혀 시럽을 만든다.

2 멥쌀가루에 물을 넣어 반죽한 뒤 반으로 나누어 각각 흰깨가루, 검은깨가루를 섞는다.

3 2의 반죽을 일정한 두께로 만들어 약 15g씩 스크레이퍼로 자른다.

🌾 재료

멥쌀가루 · 1kg
물 · 2컵
흰깨가루 · ⅓컵
검은깨가루 · ⅓컵

시럽
물 · 1컵
설탕 · 1컵

고물
흰깨가루 · ⅓컵
검은깨가루 · ⅓컵

4 자른 반죽을 굴려 누에고치 모양으로 만든다.

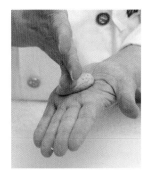

5 손날을 세워 가운데를 누르면서 굴려 절구 모양으로 빚는다.

6 끓는 물(분량 외)에 빚은 떡을 넣고 삶다가 떠오르면 찬물을 조금 넣는다.

7 다시 물이 끓고 반죽이 떠오르면 건져 찬물에 헹군다.

8 시럽에 30분 정도 담가두었다가 건져 말린다.
❋ 시럽에 삶은 반죽을 담그면 삼투압 현상으로 수분이 빠져 나와 쉽게 상하지 않는다.

9 각각의 떡에 맞게 흰깨가루, 검은깨가루를 묻힌다.
❋ 검은깨가루는 흰깨가루보다 입자가 굵기 때문에 고운 체에 걸러 사용한다.

바나나떡기

바나나설기

우리에겐 깨끗한 하얀색 백설기가 가장 친숙하지만 사실 설기는 멥쌀가루에 여러 가지 부재료를 섞어 다양한 맛으로 만들어 먹을 수 있는 실용적인 떡이다. 반죽과 장식에 바나나를 사용해 특유의 달콤한 향과 맛을 더한 바나나 설기를 만들었다.

🌿 재료

멥쌀가루 • 1kg
바나나 • 2개
막걸리 • ½컵
설탕 • ½컵
말린 바나나 • 1컵

색내기용
단호박 • 1작은술

고물
잣가루 • 1컵

🍲 준비하기

○ 단호박은 껍질을 벗기고 찐 뒤 으깬다. 단호박은 색내기용으로 조금만 사용한다.
○ 껍질 벗긴 바나나를 적당한 두께로 자른 뒤 표면에 물엿을 바르거나 설탕을 묻혀 말린다.

1 멥쌀가루에 껍질 벗긴 바나나를 넣는다.

2 막걸리와 단호박을 넣고 손으로 고루 비벼 섞는다.

3 2의 쌀가루를 체에 내린 뒤 설탕을 넣고 섞는다.

4 원형 틀 안쪽에 말린 바나나를 돌려가며 붙인다.

5 시루밑을 깐 시루에 4의 원형 틀을 놓고 3의 쌀가루를 넣어 채운다.

6 김이 오른 찜통에 시루를 올려 20분 정도 찌고 틀에서 빼 식힌 뒤 윗면에 잣가루를 뿌린다.

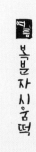

복분자 시움떡

시움떡은 증편 반죽을 기름에 지져서 만드는 이북 떡이다. 반죽에 복분자청을 넣어 색을 물들이고 거피팥고물에도 복분자청을 소량 넣어 먹으면 입 안에 복분자 향이 퍼지면서 달달한 과육이 부드럽게 씹힌다.

1 거피팥고물에 복분자청을 넣어 손으로 주물러 가며 섞는다.
✽ 색이 너무 진해지지 않도록 주의한다.

2 멥쌀가루에 막걸리, 물, 설탕을 넣고 손으로 저어 가며 섞은 다음 실온에서 4시간 정도 1차 발효시킨다.

3 기포를 고무주걱으로 눌러 꺼뜨린 뒤 다시 실온에서 1시간 정도 2차 발효시킨다.

🌸 재료

멥쌀가루 • 1kg
막걸리 • 1컵
물 • 2컵
설탕 • 1컵
복분자청 • 1큰술
기름 • 적당량

소
거피팥고물 • 1컵
복분자청 • 적당량

4 3의 반죽에 복분자청을 넣고 고무주걱으로 섞는다.

5 팬에 기름을 두르고 달군 뒤 숟가락으로 반죽을 동그랗게 올린 다음 뒤집어 가면서 지진다.

6 지진 떡 한 장에 1의 거피팥고물을 적당한 크기로 올린다.

7 고물 위에 지진 떡 한 장을 덮어 붙인다.

수박증편

수박증편

증편은 쉽게 쉬거나 상하지 않아 여름철을 대표하는 떡이다. 수박정과로 장식하고 수박즙을 반죽에 넣어 수박 향이 향긋한 증편을 만들었다. 일반 수박보다는 복수박을 사용하면 수분도 적당하고 껍질이 좀 더 부드러워 정과를 만들기에 좋다.

🌾 재료

멥쌀가루 · 1kg
막걸리 · 1컵
수박즙 · 2½컵

수박정과
복수박 · ¼쪽
설탕 · 1½컵

마무리
기름 · 적당량

🍲 준비하기

○ 겉껍질을 벗긴 복수박을 두께 1cm로 썬 다음 설탕 ½ 분량을 넣고 수분이 생기면 수박만 건져 낸다. 건져 낸 수박에 다시 남은 설탕을 넣어 수분을 마저 빼고 채반에 넣어 통풍이 잘되는 그늘에서 말려 수박정과를 만든다. 수박에서 나온 수박즙은 반죽에 사용한다.

1 체에 내린 멥쌀가루에 막걸리, 수박즙을 넣고 기포가 생길 때까지 한쪽 방향으로 젓는다.

2 30℃에서 4시간 정도 1차 발효시켜 부풀어 오르면 손으로 눌러 기포를 죽인 뒤 1시간 정도 2차 발효시킨다.

3 시루에 기름칠을 한 틀을 넣고 2의 반죽을 틀 높이의 ⅔까지 담는다.

4 김이 오른 찜통에 올려 30분 정도 찐다.

5 틀에서 빼 식힌 증편 옆면에 수박정과를 돌려 감싸고 윗면에 기름을 살짝 바른 뒤 수박정과로 꽃 모양을 만들어 올린다.

바나나 말이떡

바나나 말이떡

달달한 향에 과육까지 부드럽고 달콤한 바나나를 떡 안에 그대로 담았다.
껍질의 고운 노란빛은 치자를 우려내 물들이고 바나나 껍질을 그릇 삼아 말이떡을
얌전히 담아 냈다.

1 따뜻한 물에 반으로 자른 치자를 넣고 색을 우린 다음 치자 우린 물을 멥쌀가루에 넣는다.

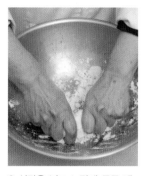

2 설탕을 넣고 노랗게 물든 멥쌀가루를 한 덩어리가 될 때까지 반죽한다.

3 시루밑을 깐 시루에 넣고 김이 오른 찜통에 올려 10분 정도 찐다.

🌾 재료

물 • 1컵
치자 • 1개
멥쌀가루 • 500g
설탕 • ½컵
바나나 • 5개

4 찐 떡을 손으로 주물러 부드럽게 한다.

5 밀대를 사용해 바나나 크기보다 넓고 얇게 밀어 편다.

6 사각형으로 반듯하게 자른 떡에 껍질을 벗긴 바나나를 올리고 말아 감싼다.

7 먹기 좋은 크기로 어슷하게 썰어 바나나 껍질에 담는다.

토마토 쌈떡

토마토 쌈떡

떡에 잘 사용하지 않는 재료인 토마토를 넣어 만든 떡이다. 맛도 모양도 흥미로워 어디에 내건 관심을 모으기 충분할 듯.

재료

방울토마토 · 10개
설탕 · 1컵
딸기주스가루 · 2큰술
멥쌀가루 · 1kg

1 방울토마토의 꼭지를 제거하고 윗부분에 열십자(十)로 칼집을 넣은 뒤 뜨거운 물에 데쳐 껍질을 벗긴다.
❋ 꼭지는 장식으로 사용한다.

2 껍질을 벗긴 토마토를 설탕과 버무려 즙이 생길 때까지 재운다.

3 토마토 과육은 건져내 반쯤 건조시키고 토마토즙 2컵에는 딸기주스가루를 넣어 섞는다.

4 멥쌀가루에 3의 토마토즙을 넣고 손으로 한 덩어리가 될 때까지 반죽한다.

5 시루밑을 깐 시루에 4의 반죽을 넣고 김이 오른 찜통에 올려 10분 정도 찐다.

6 찐 떡을 부드러워질 때까지 주무른다.

7 긴 가래떡 모양으로 늘인 다음 18g씩 떼어 낸다.

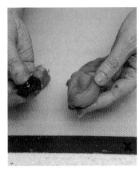

8 7의 중앙을 살짝 눌러 3의 반건조 토마토를 넣고 감싼 뒤 방울토마토 모양으로 만들어 방울토마토 꼭지를 올린다.

여름 감자투생이

감자투생이

감자투생이는 감자가 많이 생산되는 강원도에서 즐겨 먹던 향토떡이다. 만드는 법이 어렵지 않고 기를 보해 주는 감자와 콩을 듬뿍 넣어 여름철 한 끼 식사로도 제격이다.

1 껍질을 벗긴 감자를 강판으로 간다.

2 감자찌꺼기만 따로 건져 감자 전분을 넣고 섞는다.

3 1에서 남은 감자즙의 녹말 앙금이 가라앉으면 감자즙과 녹말 앙금을 분리한다.

🌾 재료

감자 • 3개
감자전분 • 1컵
멥쌀가루 • 500g
설탕 • 1컵

고명
삶은 강낭콩 • 2컵

마무리
기름 • 적당량

4 2에 멥쌀가루, 설탕, 3의 녹말 앙금을 모두 넣고 섞어 부드러워질 때까지 반죽한다.

5 부드러워진 반죽을 20g씩 떼어 누에고치 모양으로 동글동글하게 굴린다.

6 시루밑에 빚은 반죽을 놓고 삶은 강낭콩을 눌러 올린다.

7 시루에 옮긴 뒤 김이 오른 찜통에 올려 30분 정도 찐 다음 기름을 바른다.

감자·풋콩찰떡

감자 · 풋콩찰떡

쫀득한 찰떡과 그 안에 가득 넣은 풋콩의 씹는 맛이 일품인 감자 · 풋콩찰떡을
만들어 보았다. 찹쌀가루에 감자를 넣어 떡을 만들면 기본 찹쌀떡보다 훨씬
식감이 부드러워지고, 담백하면서도 든든하다. 옛날에는 풋콩 대신 팥고물을 넣고
감자찹쌀떡으로 만들어 얼려 놓았다가 추운 겨울 화롯불에 구워 먹곤 했다고 한다.

🎴 재료

찹쌀가루 · 1kg
감자 · 2개
설탕 · ½컵

소
삶은 풋콩 · 2컵
설탕 · ½컵
물 · 적당량

고물
녹말가루 · 1컵

1 냄비에 삶은 풋콩과 설탕을 넣고 섞은 뒤 물을 넣어 조린 다음 식힌다.

2 시루밑을 깐 시루에 찹쌀가루를 넣고 그 위에 껍질을 벗겨 적당한 크기로 썬 감자를 올린다.

3 김이 오른 찜통에 시루를 올려 30분 정도 쪄 익힌다.

4 펀칭기에 3과 설탕을 넣고 감자가 떡반죽에 스며들고 부드러워질 때까지 5~10분 정도 친다.

5 친 떡반죽을 20g씩 떼어 조린 풋콩소를 적당량 넣는다.

6 소를 감싸고 동글납작하게 빚어 겉면에 녹말가루를 묻힌다.

감자설기

감자설기

멥쌀가루에 얇게 썬 감자를 넣어 설기를 만들면 식감이 유독 포근포근해진다. 특히 설탕에 재운 감자에서 나온 즙을 함께 넣기 때문에 감자의 풍미가 더욱 깊어지고 단맛도 가미된다. 감자 대신 고구마를 사용하면 달달함을 배가시킬 수 있다.

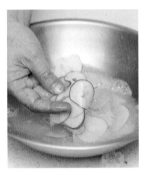

1 채칼로 얇게 저민 감자를 물에 담가 씻어 녹말 성분을 제거한다.

2 적당히 물기를 제거한 감자에 설탕을 넣고 버무려 수분이 빠질 때까지 둔다.

3 감자를 건져 꼭 짠 뒤 감자와 감자즙을 분리하고 감자즙 1컵을 계량한다.

🌿 재료

감자 • 3개
설탕 • 1컵
물엿 • 1컵
멥쌀가루 • 1kg
소주 • ½컵

고명
호박씨 • 1큰술

4 물엿을 한소끔 끓인 뒤 3의 감자를 넣어 10분 정도 담가둔다.

5 체에 받쳐 여분의 물엿을 제거한다.

6 멥쌀가루에 3의 감자즙과 소주를 넣고 손으로 비벼 고루 섞은 다음 체에 내린다.

7 5의 감자 ⅔ 분량을 넣고 섞는다.

8 시루밑을 깐 시루에 정사각형 틀을 놓고 틀 안에 7을 나누어 넣는다.

9 윗면에 남은 감자와 호박씨를 꽃 모양으로 올리고 김이 오른 찜통에 올려 20분 정도 찐 다음 틀에서 빼 식힌다.

코코넛경단

코코넛경단

간편하게 먹기 좋아 피크닉이나 파티용으로 추천한다. 코코넛가루 외에 콩가루, 검은깨가루, 카스텔라 빵가루 등 경단에 다양한 고물을 묻혀 만들어 보자.

1 볼에 설탕, 끓는 물을 넣고 섞어 시럽을 만든 뒤 식힌다.

2 찹쌀가루에 물을 조금씩 넣으면서 반죽한다.

3 반죽을 5g씩 떼어 새알 모양으로 빚는다.

🌾 재료

찹쌀가루 · 1kg
물 · 1컵

시럽
설탕 · 1컵
끓는 물 · 1컵

고명
코코넛가루 · 1컵

색내기용
딸기주스가루 · 1작은술
오렌지주스가루 · 1작은술
포도주스가루 · 1작은술

4 끓는 물(분량 외)에 새알 모양 반죽을 넣고 삶는다.

5 반죽이 떠오르면 건져 1의 시럽에 잠시 담가 두었다가 건진다.

6 코코넛가루를 3등분해 각각 딸기주스가루, 오렌지주스가루, 포도주스가루를 넣고 비벼 색을 낸다.

7 시럽에 담갔던 떡을 6의 코코넛가루에 넣고 버무린다.

8 세 가지 색으로 물들인 떡을 꼬챙이에 하나씩 끼운다.

秋 ^{가을}

추수의 계절, 떡에 곡식과 과일 등을
듬뿍 넣어 가을의 정취를 담았다.
쌀쌀해지는 날씨에 몸도 마음도 든든하게 해 줄
영양 가득한 떡도 만나 보자.

가을
무화과설기

무화과설기

꽃이 없다는 뜻을 지닌 과일, 무화과. 하지만 꽃이 겉으로 보이지 않을 뿐, 무화과의 꽃은 희고 가느다란 모습으로 열매 안에 숨어 있다. 무화과즙과 과육을 듬뿍 넣은 무화과 설기를 소개한다. 씹을 때마다 터지는 무화과 씨의 식감이 이채롭다.

🌾 재료

무화과 · 3개
멥쌀가루 · 1 kg
무화과즙 · ½컵
설탕 · ½컵

🍲 준비하기

○ 무화과 2개를 납작하게 썬 다음 설탕(분량 외) 적당량을 뿌려 즙이 빠져나올 때까지 두었다가 건지고 다시 설탕(분량 외) 적당량을 뿌린 뒤 즙이 빠져나올 때까지 두어 무화과즙 ½컵을 만든다. 무화과는 건져 고명으로 사용한다.

1 멥쌀가루에 무화과즙과 껍질을 벗긴 무화과 1개를 넣고 골고루 비벼 섞는다.

2 체에 내린 다음 설탕을 넣고 섞는다.

3 시루밑을 깐 시루에 정사각형 틀을 놓고 체에 내린 쌀가루를 고르게 넣는다.

4 적당한 크기의 사각형 모양으로 칼금을 넣는다.

5 칼금 안쪽 중앙에 미리 준비해 둔 무화과 조각을 올리고 김이 오른 찜통에서 30분 정도 찐 뒤 틀에서 빼 식히고 칼금을 따라 자른다.

가을
밤송편

밤송편

추석에 먹는 송편은 제철보다 일찍 수확한 올벼로 빚은 송편이라 하여 '오려송편'
이라고 부른다. 햇밤으로 송편 속을 풍성하게 채운 밤송편에 목련꽃을 닮은 고명을
올려 단아한 자태의 밤송편을 만들어 보았다.

1 작게 썬 밤과 설탕, 깨를 섞어
소를 만든다.

2 고명용 밤은 얇고 납작하게
썰어 설탕과 버무려 둔다.

3 멥쌀가루에 물을 넣고 반죽한다.

🌾 재료

멥쌀가루(햅쌀) • 1kg
물 • 2컵

소
밤 • 7개
설탕 • ½컵
깨 • 2큰술

고명
밤 • 적당량
설탕 • 적당량
호박씨 • 2큰술

마무리
기름 • 적당량

- -

🍲 준비하기

○ 모든 밤은 속껍질까지 벗겨
  준비한다.

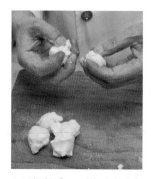

4 3의 반죽을 18g씩 떼어 낸다.

5 중앙을 움푹하게 눌러 준비한
소를 넣는다.

6 소를 감싸 입술 모양으로 빚
는다.

7 고명용 밤 3장을 겹쳐 꽃 모
양을 만든다.

8 꽃 모양 그대로 빚은 떡 위에
올리고 호박씨 3개로 꽃받침을
만든다.

9 시루밑을 깐 시루에 넣고 김
이 오른 찜통에 올려 30분 정도
찐 다음 기름을 바른다.

풋대추 · 밤설기

풋대추 · 밤설기

9~10월에 잠깐 맛볼 수 있는 풋대추는 말린 대추와 달리 육질이 탱탱하고 달콤한 맛이 강한 것이 특징이다. 부드러운 설기 반죽에 풋대추와 밤을 잘게 썰어 넣어 밤과 대추 향이 풍부하게 퍼지는 풋대추 · 밤설기를 준비했다.

1 반죽에 넣을 풋대추와 밤은 적당한 크기로 자르고 고명으로 사용할 풋대추와 밤은 얇게 썬다.

2 반죽에 넣을 풋대추와 밤에 설탕 ½컵을 섞어 재워 둔다.

3 멥쌀가루에 소주와 물을 넣고 손으로 비벼 고루 섞는다.

4 체에 내린 뒤 남은 설탕 ½컵을 넣고 섞는다.

5 4의 쌀가루에 설탕에 재워 둔 풋대추와 밤을 넣고 섞는다.

6 시루밑을 깐 시루에 원형 틀을 놓고 5를 넣은 뒤 윗면에 고명용 밤과 풋대추를 모양내 올린다.

7 김이 오른 찜통에 시루를 올려 20분 정도 찐 다음 틀에서 빼 식힌다.

재료

풋대추 • 1컵
밤 • 1컵
설탕 • 1컵
멥쌀가루 • 1kg
소주 • ½컵
물 • ½컵

고명
풋대추 • 적당량
밤 • 적당량

준비하기

○ 밤은 속껍질까지 깎고 풋대추는 씨를 제거한다.

97

서여향병

찐 마를 꿀에 재우고 찹쌀가루를 묻혀 지져낸 다음 잣가루를 묻힌 떡이다. 쪄서
포근포근한 마에 찹쌀가루를 묻혀 지지면 바삭하고 고소한 식감까지 더할 수 있다.

1 시루밑을 깐 시루에 마를 넣
은 다음 김이 오른 찜통에 시루
를 올려 10분 정도 찐다.

2 쪄 낸 마에 꿀을 발라 재운 뒤
수분을 뺀다.

3 찹쌀가루를 체에 내려 꿀에
재운 마에 묻힌다.

🌾 재료

마 • 1kg
꿀 • 1컵
찹쌀가루 • 500g
기름 • 적당량

고물
잣 • 2컵

고명
쑥 잎 • 소량
베고니아 꽃 • ½컵

4 치즈 갈이에 잣을 넣고 간다.

5 키친타월에 잣가루를 올리고
살짝 눌러 기름기를 제거한다.

6 프라이팬에 기름을 두르고 달
군 뒤 3의 마를 넣고 찹쌀가루
가 익을 때까지 지진다.

🍲 준비하기

○ 마는 깨끗이 씻어 껍질을
벗기고 가로 3cm, 세로 5cm,
두께 1cm로 썬다.

7 지진 마에 다시 꿀을 바르고
쑥 잎을 올린다.

8 베고니아 꽃잎을 보기 좋게
올려 장식한다.

9 겉면에 5의 잣가루를 묻혀 마
무리한다.

가을
국화경단

국화는 머리를 맑게 하고 마음을 안정시켜 주는 효능이 있다고 알려져 있다.
국화경단을 따뜻한 차 한 잔에 곁들여 온전한 휴식 시간을 누려 보자.

1 냄비에 물, 설탕을 넣고 끓인 다음 식혀 시럽을 만든다.

2 찹쌀가루에 물 1컵을 넣고 반죽한다.

3 반죽을 20g씩 떼어 내고 둥글려 동그랗게 만든다.

🌼 재료

찹쌀가루 · 1kg
물 · 1컵

시럽
물 · 1컵
설탕 · 1컵

고명
국화꽃 · 50개

고물
녹두 고물 · 1kg

4 끓는 물(분량 외)에 동그랗게 빚은 반죽을 넣어 익을 때까지 삶는다.

5 익힌 반죽을 건져서 1의 시럽에 넣고 굴린 뒤 체에 올려 수분을 뺀다.

6 녹두 고물 위에 놓고 윗면에 국화꽃을 하나씩 얹는다.

7 겉면에 녹두 고물을 묻힌 뒤 적당히 털어 낸다.

가을
단호박 · 깨송편

단호박·깨송편

제철 맞은 단호박과 깨로 소를 만들어 넣은 송편이다.
갖가지 재료로 색을 내 보기에도 좋고 풍미 또한 달콤하고 고소하다.

1 잘게 다진 단호박에 설탕을 넣고 절여 수분을 뺀 다음 볶은 깨를 넣고 섞어 소를 만든다.

2 멥쌀가루에 끓는 물을 넣고 섞어 익반죽한다.

3 반은 흰 반죽 그대로 남겨두고 나머지 반은 4등분해 각각 검은 깨가루, 쑥가루, 단호박, 딸기주스 가루를 넣어 색을 낸다.

4 흰 반죽 ⅓과 3의 검은깨가루를 넣은 반죽을 각각 밀대로 얇게 밀어 펴 흰 반죽 위에 검은깨 반죽을 올린다.

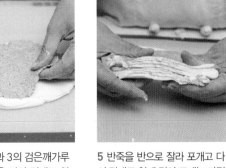

5 반죽을 반으로 잘라 포개고 다시 밀대로 얇게 밀어 포개는 과정을 두 번 반복한다. 쑥가루로 만든 반죽도 동일한 방법으로 만든다.

6 5에서 완성한 두 반죽과 단호박 반죽을 각각 20g씩 떼어 1의 소를 넣고 입술 모양으로 빚는다.

7 딸기주스가루를 넣은 반죽과 5에서 남은 쑥가루 반죽을 얇게 밀어 펴 꽃 모양, 잎 모양 커터로 찍고 6에서 빚은 반죽 위에 올린 뒤 마지팬 스틱으로 가운데를 눌러 입체감을 준다.

8 시루밑을 깐 시루에 빚은 송편을 넣고 김이 오른 찜통에 올려 30분 정도 찐 다음 기름을 바른다.

🍀 재료

멥쌀가루 • 1kg
끓는 물 • 2컵

색내기
검은깨가루 • 2큰술
쑥가루 • 1큰술
단호박 • ¼쪽
딸기주스가루 • 1큰술

소
단호박 • ¼쪽
설탕 • 1컵
볶은 깨 • 1컵

마무리
기름 • 1큰술

🍲 준비하기

○ 단호박은 한 통을 4등분해 씨를 제거하고 반죽에 넣는 것은 껍질을 벗긴 뒤 찌고 소에 넣는 것은 잘게 다진다.
○ 볶은 깨는 방망이로 밀어 으깬다.

가을
감자찹쌀떡

감자찹쌀떡

수능 시즌이 되면 빠지지 않고 등장하는 찹쌀떡. 합격의 소망을 담아 정성스럽게 감자찹쌀떡을 만들어 보자. 수험생을 위해 팥고물 대신 눈에 좋은 건조 블루베리를 사용해 보았다.

1 시루밑을 깐 시루에 찹쌀가루와 껍질을 벗기고 반으로 자른 감자를 넣는다.
※ 감자가 작을 경우 5개를 사용한다.

2 김이 오른 찜기에 시루를 올려 30분 정도 찐다.

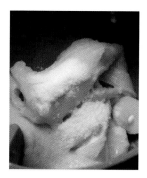

3 쪄낸 찹쌀가루와 감자에 설탕을 추가해 볼 또는 펀칭기에 넣고 뭉쳐질 때까지 친다.

재료

찹쌀가루 • 1kg
감자(큰 것) • 3개
설탕 • ½컵

소
건조 블루베리 • 적당량

고물
코코넛가루 • 적당량
녹차가루 • 적당량
딸기시럽 • 적당량

고명
대추 • 적당량
호박씨 • 적당량

준비하기

○ 대추는 돌려 깎아 씨를 제거하고 밀어 펴 꽃 모양 틀로 찍는다.

4 3의 반죽을 먹기 좋은 크기로 분할하고 건조 블루베리를 넣어 감싼 다음 동글납작하게 빚는다.

5 코코넛가루를 2등분해 각각 녹차가루, 딸기시럽을 넣어 녹색, 분홍색으로 물들인다.

6 4에서 빚은 떡 위에 꽃 모양 대추, 호박씨를 올려 장식한다.

7 겉면에 5에서 준비한 코코넛가루를 각각 묻히고 고명 부분은 살짝 털어 낸다.

가을
단호박고지찰편

단호박고지찰편

얼핏 보면 구름떡 같지만 속재료는 전혀 다른 단호박고지찰편. 찰떡에 콕 박힌 호박과 대추에 가을 향이 담겨 있다.

1 찹쌀가루에 설탕을 넣고 고루 섞는다.

2 2컵을 덜어 단호박고지, 검은 깨가루 1½컵을 넣고 골고루 버무린다.

3 시루밑을 깐 시루에 검은깨가루를 흩뿌린다.

🌸 재료

찹쌀가루 • 2kg
설탕 • 1½컵
단호박고지 • 200g
검은깨가루 • 적당량
대추 • 20개

🍲 준비하기

○ 대추는 씨를 제거하고 돌돌 만다.

4 남은 1의 찹쌀가루를 평평하게 펼쳐 넣고 2에서 버무린 재료를 올린다.

5 김이 오른 찜기에 시루를 올려 30분 정도 찌고 비닐을 깐 쟁반에 엎어 쏟아낸다.

6 뜨거운 상태에서 반으로 나누고 김밥을 말 듯 돌돌 만 뒤 다시 반으로 나누고 길게 자른다.

7 긴 사각형 틀 안에 비닐을 깔고 바닥에 검은깨 가루를 뿌린 뒤 6을 틀의 ½높이만큼 넣고 가운데에 대추를 일렬로 올린다.

8 남은 6을 넣고 손으로 눌러 틀 모양에 맞게 채우고 굳힌다.

9 틀에서 빼 비닐을 벗기고 겉면에 검은깨가루를 골고루 묻힌 뒤 먹기 좋은 크기로 썬다.

가을
팥송편

팥송편

달달한 팥을 주재료로 송편을 만들었다. 경앗가루를 넣은 반죽에 팥고물을 넣어 입술 모양으로 송편을 빚고 양 끝을 엄지손가락으로 꾹 누르면 안동식 송편을 만들 수 있다.

1 팥고물에 설탕을 넣고 섞어 팥소를 만든다.

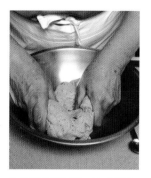

2 멥쌀가루에 끓는 물, 경앗가루, 설탕을 넣고 반죽한다.

3 반죽을 가래떡 모양으로 길게 늘인 뒤 잘라 20g씩 분할한다.

🌾 재료

멥쌀가루 • 1kg
끓는 물 • 2큰술
경앗가루 • 3큰술
설탕 • ½컵

소
팥고물 • 200g
설탕 • 2큰술

마무리
참기름 • 적당량
식용유 • 적당량

4 중앙을 움푹하게 만들어 1의 팥소를 넣는다.

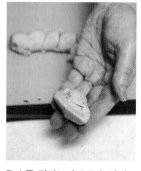

5 소를 감싸고 손으로 눌러 송편 모양으로 빚는다.

6 양손의 엄지를 사용해 이음매의 양쪽 끝 부분을 누른다.

7 시루 바닥에 찜용 종일 포일을 깐 뒤 솔잎(분량 외)을 올린다.

8 다시 한 번 찜용 종이 포일을 깔고 송편을 올린 뒤 김이 오른 찜기에서 30분 정도 찐다.

9 시루에서 꺼내 미리 섞어 둔 참기름, 식용유를 바른다.

가을 수수부꾸미

수수부꾸미

반달 모양으로 만드는 전통적인 수수부꾸미를 새로운 형태로 만들어 변화를 줬다. 수수가루와 찹쌀가루를 7:3 비율로 섞어 갈색이 너무 어둡지 않도록 하고 갈색 반죽과 흰색 반죽을 교차시켜 격자 모양을 냈다.

1 수수가루, 찹쌀가루 150g을 섞은 뒤 물 ½컵을 넣고 매끈해질 때까지 반죽한다.

2 남은 찹쌀가루에 남은 물을 넣고 매끈해질 때까지 반죽한다.

3 각각의 반죽을 밀대로 밀어 펴고 정사각형 틀로 찍는다.

재료

수수가루 • 350g
찹쌀가루 • 650g
물 • 1컵
기름 • 적당량

소
붉은팥고물 • 500g
설탕 • 1컵

준비하기

○ 붉은팥고물에 설탕을 넣고 섞은 뒤 작게 뭉쳐 팥소를 만든다. 붉은팥고물은 볶지 않은 것을 사용한다.

4 가로와 세로를 균일하게 잘라 9등분한다.

5 두 가지 반죽을 격자무늬로 배열해 붙이고 사각 틀로 다시 한 번 찍어 모양을 다듬는다.

6 팬에 기름을 두르고 달군 뒤 반죽을 넣고 뒤집어 가며 지진다.

7 익힌 반죽의 중앙에 준비해 둔 팥소를 올린다.

8 삼각형으로 접어 귀를 맞춘 뒤 다시 한 번 기름에 살짝 지져 이음매를 붙인다.

붉은팥찰편

붉은팥찰편은 쌀가루와 붉은팥고물을 시루에 켜켜이 안쳐서 찌는 찰시루편으로
붉은팥 대신 흰팥이나 녹두, 콩, 대추, 깨 등을 고물로 사용하기도 한다.
멥쌀가루만 넣어도 되지만 찹쌀가루와 멥쌀가루를 적절하게 섞으면 잘 부서지지 않고
빨리 굳지 않는다.

🌸 재료

찹쌀가루 • 700g
멥쌀가루 • 300g
물 • ¼컵
설탕 • ½컵

고물

붉은팥고물 • 500g
소금 • 3g
설탕 • ¼컵
계핏가루 • 1큰술

1 붉은팥고물을 고운체에 내려 껍질을 분리한다.

2 체에 내린 팥고물에 소금, 설탕, 계핏가루를 넣고 섞는다.

3 찹쌀가루, 멥쌀가루에 물을 넣고 비벼 고루 섞은 다음 체에 내리고 설탕을 넣어 섞는다.

4 시루밑을 깐 시루에 정사각형 틀을 올리고 준비한 팥고물을 얇게 넣는다.

5 3의 쌀가루를 넣는다. 팥고물과 쌀가루를 번갈아 가며 넣어 3단 층을 만든다.

6 김이 오른 찜통에 시루를 올려 30분 정도 찐 다음 틀에서 빼 식힌다.

가을
감송편

감송편

잘 익은 감을 송편으로 재현했다. 소에는 깨소금과 곶감을 넣어 달달한 맛을 살리고 동글납작한 과육부터 십자 형태의 꼭지까지 감을 꼭 닮은 아기자기한 모양새로 만들었다. 입술 송편에 비해 공정이 간단하므로 아이들과 함께 만들어 먹기에도 제격이다.

1 잘게 다진 곶감에 깨소금을 넣고 버무린 뒤 작고 동그랗게 빚어 소를 만든다.
※ 깨소금 대신 다진 잣, 녹두고물 등을 사용해도 된다.

2 장식에 사용할 멥쌀가루를 조금 덜어 두고 나머지 멥쌀가루에 단호박과 끓는 물 적당량을 넣어 익반죽한다.

3 한 덩어리로 뭉쳐지면 딸기주스가루, 설탕을 넣고 섞어 좀 더 진하게 색을 낸다.

재료

멥쌀가루 • 1kg
끓는 물 • 2컵
설탕 • 1컵

소
곶감 • 5개
깨소금 • 1컵

색내기
단호박 • 1컵
딸기주스가루 • 1작은술
녹차가루 • 1큰술

마무리
기름 • 적당량

4 장식용으로 사용하려고 덜어 둔 멥쌀가루에 녹차가루와 나머지 끓는 물을 넣고 반죽한 다음 얇게 밀어 펴 십자꽃 모양 커터로 찍는다.

5 3의 주황색 반죽에 1의 소를 넣고 작은 감 모양으로 빚은 다음 4를 올리고 마지팬 스틱으로 가운데를 눌러 감꼭지 모양을 낸다.

6 감꼭지 중앙에 4에서 남은 녹차 반죽을 붙여 감꼭지 모양을 완성한다.

준비하기

○ 깨소금은 흰깨를 거피해 볶고 으깬 뒤 소금 적당량을 넣고 섞어 사용한다.
○ 단호박은 껍질을 벗긴 다음 찐다.

7 시루밑을 깐 시루에 빚은 송편을 넣은 다음 김이 오른 찜통에 올려 30분 정도 찌고 기름을 바른다.

가을
햇과일설기

햇과일설기

사과, 복숭아, 밤, 대추 등 잘게 썬 햇과일들을 멥쌀가루 반죽에 넣어 만들었다.
여기에 녹두고물을 두둑하게 올리면 신과병, 햇곡식을 더하면 잡과병이 된다.
과일 저마다의 색이 보여 더욱 먹음직스럽고, 중간중간 씹히는 사과와 복숭아가
상큼하면서도 신선하다.

🌾 재료

사과 · 1개
복숭아 · 1개
멥쌀가루 · 1kg
설탕 · ⅓컵
밤 · 5개
대추 10개

고명
사과 · 적당량
복숭아 · 적당량

🍲 준비하기

○ 사과와 복숭아는 깨끗이 씻어
  껍질째 사용한다. 고명용은
  얇게 썰어 씨를 제거하고
  나머지는 씨를 제거한 뒤 작게
  깍둑썰기해 각각에 설탕(분량
  외)을 넣고 재워 둔다.
○ 밤은 속껍질까지 제거하고
  대추는 씨를 제거한 뒤 적당한
  크기로 깍둑썰기한다.

1 재워 둔 사과와 복숭아에서 즙
이 빠져나오면 즙과 과육을 분리
해 과육은 3시간 정도 건조시키
고 즙은 1컵을 계량한다.

2 멥쌀가루에 1의 과일즙을 넣
고 손으로 고루 비벼 섞은 뒤 체
에 내린다.

3 건조시킨 사과와 복숭아, 깍
둑썰기한 밤과 대추, 설탕을 넣
고 섞는다.

4 시루밑을 깐 시루에 원형 틀
을 올린 뒤 틀 안에 3을 넣는다.

5 김이 오른 찜통에 시루를 올
려 20분 정도 찐다.

6 틀에서 빼 식힌 다음 윗면에
고명용으로 준비한 사과와 복숭
아를 올려 장식한다.

가을
고구마송편

고구마송편

제철 고구마를 떡 반죽과 소에 모두 넣어 속 든든한 고구마송편을 만들었다. 흔히 사용하는 깨, 녹두 등을 소로 넣는 대신 감, 바나나 등의 과일을 활용하거나 견과류, 초콜릿을 넣으면 특별하면서도 맛있는 송편을 즐길 수 있다.

🌼 재료

멥쌀가루 • 1kg
끓는 물 • 1½컵
고구마 • 1컵
계핏가루 • 1큰술
설탕 • ⅓컵

소
고구마 • 1개
설탕 • ⅓컵
깨 • 1컵
소금 • 소량

색내기
딸기가루 • 1작은술
녹차가루 • 1작은술
치자 물 • 1큰술

마무리
기름 • 1큰술

🍲 준비하기

○ 반죽에 넣을 고구마는 푹 찐 뒤 껍질을 제거해 사용하고 소에 넣을 고구마는 깨끗이 씻어 껍질째 잘게 썬 뒤 설탕에 절여 수분을 뺀다.
○ 깨는 팬에 볶아 으깬 뒤 소금을 넣고 섞어 둔다.
○ 따뜻한 물에 치자를 넣고 우리거나 치자가루를 사용해 치자 물을 준비한다.
○ 멥쌀가루 1컵을 덜어 끓는 물을 적당히 넣고 익반죽해 흰 반죽을 만들어 둔다.

1 남은 멥쌀가루에 고구마, 계핏가루, 설탕, 나머지 끓는 물을 넣고 익반죽한다.

2 가래떡 굵기로 밀어 늘인 다음 15g씩 떼어 놓는다.

3 준비해 둔 소용 고구마와 깨 소금을 섞어 소를 만든다.

4 2에서 분할한 반죽의 가운데를 눌러 소를 넣고 감싼다.

5 비닐을 깐 고구마 모양 틀에 넣고 눌러 모양을 낸다.

6 준비해 둔 흰 반죽을 4등분해 하나는 그대로 두고 나머지에는 각각 딸기가루, 녹차가루, 치자 물을 넣어 섞는다.

7 각 반죽을 두께 1㎝로 밀어 펴 녹차가루를 넣은 반죽은 잎 모양 틀로 찍고 나머지 반죽은 꽃 모양 틀로 찍는다.

8 고구마 모양 반죽 위에 꽃 모양, 잎 모양 반죽을 올리고 꽃 모양의 가운데를 마지팬 스틱으로 눌러 입체감을 준다.

9 시루밑을 깐 시루에 넣고 김이 오른 찜통에 올려 30분 정도 찐 다음 기름을 바른다.

가을
두텁단
자

두텁단자

'봉우리떡'이라고도 불리는 두텁단자는 임금님 생신상에 올랐을 정도로 정성과 영양이 듬뿍 담긴 떡이다. 오랜 시간 공부하느라 열량 소모가 많은 수험생들의 허기진 배를 달래는 데 안성맞춤.

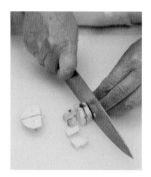

1 껍질 벗긴 밤을 잘게 썰어 설탕에 재운 뒤 수분을 제거한다.

2 대추, 호두를 적당한 크기로 잘라 1의 밤과 섞는다.

3 잣, 유자청, 거피팥고물, 계핏가루를 넣고 섞어 소를 만든다.

재료

찹쌀가루 • 1kg
설탕 • ⅓컵
끓는 물 • 1컵

소
밤 • 5개
설탕 • ½컵
대추 • 10개
호두 • 10개
잣 • 1큰술
유자청 • 1큰술
거피팥고물 • 1컵
계핏가루 • ⅛작은술

고물
거피팥고물 • 2kg

고명
대추 • 적당량
파슬리 • 적당량

준비하기

○ 대추는 모두 돌려 깎아 씨를 제거한다. 고명용 대추는 밀어 펴 꽃 모양 틀로 찍는다.

4 찹쌀가루에 설탕, 끓는 물을 넣고 익반죽한다.

5 한 덩이로 뭉친 반죽을 다시 20g씩 떼어 분할한다.

6 중앙에 손가락으로 홈을 내어 소를 넣고 동그랗게 빚는다.

7 시루보를 깐 시루에 거피팥고물의 일부를 깐 뒤 빚은 반죽을 올린다.

8 남은 거피팥 고물로 떡을 완전히 덮고 김이 오른 찜통에 시루를 올려 20분 정도 찐다.

9 찜통에서 내려 30분 정도 식힌 뒤 윗면에 대추와 파슬리를 얹어 장식한다.

가을
고구마 약식

고구마약식

약식은 정월대보름의 절식이지만 설이나 추석, 결혼식, 회갑연 등 특별한 날에도 만들어 먹던 음식이다. 밤과 대추를 넣는 것이 일반적이지만 이번에는 단맛 진한 호박고구마를 더했다. 모양낼 때 틀을 사용하면 색다르게 변형시킬 수 있다.

1 팬에 설탕을 넣고 캐러멜화한다.

2 깍둑썰기한 호박고구마를 넣고 저어 가며 조린다.

3 시루밑을 깐 시루에 불린 찹쌀을 넣고 김이 오른 찜통에 올려 20분 정도 찐 다음 볼에 옮긴다.

🌾 재료

설탕 ∘ 300g
호박고구마 ∘ 2개
불린 찹쌀 ∘ 1kg
대추 ∘ 적당량
밤 ∘ 적당량
소금 ∘ 10g
기름 ∘ ¼컵
설탕 ∘ ¼컵

4 준비해 둔 대추와 밤을 넣은 뒤 소금을 넣는다.

5 2에서 조린 호박고구마를 넣는다.

6 기름 ½, 설탕 ½을 넣고 섞은 다음 양념이 스미도록 30분 정도 둔다.

🍲 준비하기

○ 호박고구마를 깨끗이 씻어 껍질째 깍둑썰기한다.
○ 대추는 돌려 깎아 씨를 제거한 다음 반으로 자른다.
○ 밤은 속껍질까지 깎은 뒤 3등분한다.

7 시루밑을 깐 시루에 6을 넣은 다음 김이 오른 찜통에 올려 다시 20분 정도 찐다.

8 볼에 옮긴 뒤 남은 기름과 설탕을 넣고 섞는다.

9 원하는 모양 틀에 넣어 모양을 잡은 뒤 틀에서 뺀다.

가을
고구마인절미

고구마인절미

인절미에 가을 식재료인 고구마를 더하고 콩고물 대신 검은깨를 버무려 색다르게 변신시켜 보았다. 반죽에서 고구마의 단맛이 은은하게 느껴지고 겉면에 붙은 검정깨의 고소함이 진해 어른들이 즐기기에도 좋다.

1 시루밑을 깐 시루에 찹쌀가루를 안친 다음 손질해 둔 고구마를 올린다.

2 김이 오른 찜통에 시루를 올려 30분 정도 찐다.

3 볼에 옮기고 나무방망이로 고구마가 떡반죽에 스미고 부드러워질 때까지 친다.

🌾 재료

찹쌀가루 · 1kg
고구마 · 200g

고물
검은깨가루 · 2컵
설탕 · ½컵

고명
대추 · 5개
잣 · 1큰술

🍲 준비하기

○ 고구마는 껍질을 벗기고 큼직하게 썬다.
○ 대추는 돌려 깎아 씨를 제거하고 밀어 편 뒤 작은 마름모꼴로 자른다.

4 비닐을 깐 쟁반에 넓게 펼쳐 상온 또는 냉장고에서 잠시 굳힌다.

5 비닐을 깔고 그 위에 검은깨가루, 설탕을 뿌려 섞는다.

6 굳힌 떡을 적당한 크기로 잘라 5의 고물 위에 올리고 먹기 좋은 크기로 자른다.

7 윗면에 준비한 대추와 잣을 붙여 장식한다.

8 검은깨 고물을 골고루 묻혀 완성한다.

가을
대추주악

대추주악

개성에서 폐백이나 이바지 음식으로 유명했다는 개성주악은 찹쌀가루와 밀가루를
막걸리로 반죽해 빚은 후 기름에 튀겨낸 떡이다. 개성주악 반죽에 대추고를 듬뿍 넣어
풍미가 진하고 고급스러운 대추주악을 만들어 보았다.

1 냄비에 물엿과 대추고를 넣고
중불에서 저어 가며 살짝 끓여
시럽을 만든다.

2 볼에 물 반 컵과 남은 대추고
를 넣고 풀어준 뒤 남은 물과 막
걸리를 넣고 섞는다.

3 찹쌀가루, 밀가루, 설탕을 섞
은 뒤 2를 넣고 한 덩어리가 될
때까지 치대며 반죽한다.

재료

물 · 1컵
막걸리 · ½컵
찹쌀가루 · 700g
밀가루 · 300g
설탕 · ¼컵

대추고

대추 · 300g
물 · 3컵

대추시럽

물엿 · 1컵
대추고 · 1큰술

고명

대추 · 적당량

4 30분 정도 휴지시킨 다음
15g씩 떼어 낸다.

5 둥글납작하게 빚고 가운데에
구멍을 뚫는다.

6 130℃로 데운 기름에 넣고 서
서히 굴리며 2번 튀긴다.
❀ 튀길 때 찹쌀이 튀는 것을 방지
하기 위해 계속 굴려 주어야 한다.

준비하기

○ 냄비에 대추와 물을 넣고 무를
때까지 삶은 다음 체에 내려
껍질과 씨를 제거한 뒤 다시
냄비에 넣고 나무 주걱으로
저어가며 중불로 졸여
대추고를 만든다.

7 겉면이 갈색이 되면 건져서
기름을 털어 내고 1의 대추 시
럽에 넣어 묻힌다.

8 가운데 구멍에 대추 고명을
올려 장식한다.

연근병

멥쌀가루 반죽에 연근을 섞은 팥앙금을 소로 넣고 얇게 썬 연근을 붙여 연근병을
만들었다. 한입 베어 물면 달콤한 팥앙금에 연근향이 그윽하게 퍼지고 바짝 말린 연근이
아삭아삭하게 씹힌다.

1 물(분량 외)에 설탕을 넣고 녹인 다음 슬라이스한 레몬, 준비해 둔 연근을 넣고 연근의 색이 하얗게 될 때까지 담가 둔다.

2 연근을 건져 채반에 올린 뒤 건조시킨다.

3 팥앙금에 건조시킨 연근의 일부를 잘라 넣고 섞은 다음 적당한 크기로 떼어 내 소를 만든다.

🎋 재료

연근 • 200g
설탕 • ½컵
레몬 • 1개
멥쌀가루 • 1kg
물 • 2컵
기름 • 적당량

소
팥앙금 • 2컵

🫕 준비하기

○ 연근은 껍질을 벗기고 얇게
썰어 물에 담그고 3~4회
정도 물을 교체해 녹말 성분을
제거한다.

4 멥쌀가루에 물을 넣고 매끄럽게 될 때까지 반죽한다.

5 반죽을 20g씩 떼어내 동그랗게 만든 다음 손으로 가운데를 눌러 3에서 만든 소를 넣고 감싼다.

6 위아래에 2에서 건조시킨 연근을 붙이고 납작해지도록 살짝 누른다.

❀ 도움말

○ 설탕 레몬물에 연근을 담그면
산 성분에 의해 연근이
하얘지며 은은한 레몬향과
달달한 맛이 밴다.
○ 지지는 과정은 생략해도 된다.
연근이 두껍거나 연근의
식감을 부드럽게 하려면 찌는
시간을 늘린다.

7 시루밑을 깐 시루에 넣고 김이 오른 찜통에 올려 20분 정도 찐 다음 달군 팬에 기름을 두르고 연근을 노릇하게 살짝 지져 낸다.

가을
약편

약편

약편은 약이 되는 떡이라는 뜻이다. 대추를 고아 만들기 때문에 대추편이라고도 한다. 반죽에 대추고와 술이 들어가 식감이 카스텔라처럼 부드럽고, 달짝지근한 대추의 향이 향긋하다. 어르신들 생신날 백설기 대신 만들어 보자.

1 멥쌀가루에 물, 소주, 대추고를 넣고 손으로 비벼 고루 섞는다.

2 체에 내린 다음 설탕을 넣고 섞는다.

3 시루밑을 깐 시루에 2를 넣고 윗면을 평평하게 고른다.

재료

물 · ½컵
소주 · ½컵
대추고 · ½컵
멥쌀가루 · 1kg
설탕 · ½컵

고명
밤 · 5개
호박씨 · 적당량

4 먹기 좋은 크기로 칼금을 넣는다.

5 껍질을 벗기고 얇게 썬 밤을 꽃 모양 틀로 찍어 모양낸다.

6 4의 윗면에 꽃 모양 밤과 호박씨를 올려 장식한다.

7 김이 오른 찜통에 시루를 올려 30분 정도 찐 다음 칼금을 따라 자르고 식힌다.

가을
보양송편

보양송편

고(膏)는 약을 지을 때 사용하는 재료를 달여 농축시킨 것을 뜻한다. 몸에 좋은 인삼, 대추로 고를 만들어 반죽에 담고 시럽에 졸여낸 대추를 소로 사용해 송편을 빚었다. 인삼정과로 만든 꽃을 올리니 보양 송편에 화룡점정이 됐다.

1 시럽에 얇게 썬 인삼을 넣고 10분 정도 담갔다가 건져내 건조시켜 인삼정과를 만든다.
❋ 남은 시럽에 대추를 넣고 물러질 때까지 끓인 다음 건져 대추 소를 준비한다.

2 건조시킨 인삼을 한 겹씩 말아 인삼정과 꽃을 만든다.

3 멥쌀가루에 인삼고, 대추고, 물, 설탕을 넣고 끓여 식혀둔 액을 넣는다.

재료

인삼고 • 1큰술
대추고 • 1큰술
물 • 1컵
설탕 • ¼컵
멥쌀가루 • 1kg

시럽
물엿 • 1컵
설탕 • 1큰술

소
대추 • 1컵

인삼정과
인삼 • 2뿌리

마무리
기름 • 1큰술

4 매끄러운 한 덩어리가 될 때까지 치대며 반죽한다.

5 반죽을 20g씩 떼어 낸 다음 가운데를 움푹하게 만들어 시럽에 졸인 대추 1개를 넣고 감싸 둥글게 빚는다.

6 납작하게 살짝 누른 뒤 마지 팬 스틱을 이용해 떡에 일정한 간격으로 홈을 낸다.

준비하기

○ 냄비에 물엿, 설탕을 넣고 끓여 시럽을 만든 뒤 식힌다.
○ 대추는 돌려 깎아 씨를 제거한다.
○ 냄비에 인삼고, 대추고, 물, 설탕을 넣고 한소끔 끓인 뒤 식힌다.

7 인삼정과로 만든 꽃을 중앙에 올린 뒤 시루밑을 깐 시루에 넣고 김이 오른 찜통에 올려 20분 정도 찐 다음 기름을 바른다.

가을
감설기

감설기

감설기는 '차마 삼키기 아까운 떡'이라는 뜻을 지닌 석탄병을 간편한 버전으로 만든 떡이다. 가을하면 생각나는 감을 얇게 썰어 바싹 말린 다음 가루를 내 떡 안에 담았다. 고소한 녹두고물까지 더하니 그 맛이 달고 향이 좋다.

🌾 재료

멥쌀가루 • 1kg
감가루 • 1컵
물 • 1컵
설탕 • ½컵
생강가루 • 1큰술

고물
녹두고물 • 1kg

고명
대추 • 적당량

🍲 준비하기

○ 대추는 돌려 깎아 씨를
   제거하고 밀어 편 뒤 꽃 모양
   틀로 찍어 고명을 준비한다.

1 멥쌀가루에 감가루와 물을 넣고 손으로 비벼 고루 섞는다.

2 1의 쌀가루를 체에 내린다.

3 설탕, 생강가루를 넣고 가볍게 섞는다.

4 시루밑을 깐 시루에 녹두고물을 적당한 두께로 한 겹 깐다.

5 3의 쌀가루를 넣고 윗면을 평평하게 정리한다.

6 적당한 크기로 칼금을 넣은 뒤 나머지 녹두고물을 올려 평평하게 고르고 김이 오른 찜통에 올려 30분 정도 찐 다음 칼금을 따라 자르고 대추로 장식한다.

오메기떡

제주도의 지방떡 오메기는 차조가루를 사용하는 것이 특징이다. 원래 차조가루만을 사용해서 만들지만 쫀득함을 더하기 위해 멥쌀가루를 섞었다. 반죽에 설탕을 넣지 않아 많이 달지 않고 씹을수록 구수한 맛이 나는 것이 특징이다.

1 차조가루와 멥쌀가루를 섞는다.

2 끓는 물을 넣고 한 덩어리가 될 때까지 치대어 반죽한다.

3 반죽을 20g씩 떼어 낸 뒤 둥글납작하게 빚는다.

🌾 재료

차조가루 • 500g
멥쌀가루 • 500g
끓는 물 • 2컵
설탕 • 1컵

고물
볶은 콩가루 • 200g

4 새끼손가락으로 가운데에 구멍을 내 도넛 모양으로 만든다.

5 끓는 물(분량 외)에 모양낸 반죽을 넣고 떠오르면 찬물을 약간 넣은 다음 다시 물이 끓어오르고 떡이 떠오르면 건져 낸다.

6 바로 찬물에 담가 식힌 뒤 건져 내 설탕을 뿌려 떡이 머금고 있는 물기를 뺀다.
❋ 설탕을 떡에 바로 뿌리는 대신 설탕과 동량의 물로 만든 시럽에 담가도 된다.

7 물이 빠지고 단맛이 배면 볶은 콩가루를 골고루 묻힌다.

가을
검은깨 · 자색고구마찰편

검은깨·자색고구마찰편

자색고구마로 색을 내고 잣, 호두, 대추, 밤을 듬뿍 넣어 찰편을 만들었다. 반듯하게 자른 떡의 단면이 구름처럼 보여 구름떡이라 부르기도 한다. 흔히 볶은 팥가루를 묻혀 내지만 검은깨가루를 묻혀 내도 고소하고 맛있다.

1 찹쌀가루 1kg에 자색고구마를 넣고 손으로 비벼 고루 섞은 뒤 설탕을 넣고 섞는다.

2 남은 찹쌀가루 500g에 녹차가루를 넣어 색을 낸 뒤 물을 넣고 손으로 비벼 고루 섞는다.

3 색을 낸 두 가지 쌀가루에 준비해둔 대추와 밤, 잣, 호두를 나누어 넣고 섞는다.

🎴 재료

대추 • ½컵
밤 • ½컵
찹쌀가루 • 1.5kg
설탕 • 1컵
물 • 소량
잣 • ½컵
호두 • ½컵

색내기

자색고구마 • ⅓개
녹차가루 • 1작은술

고물

검은깨가루 • ½컵

4 시루밑을 깐 시루 바닥에 검은깨가루를 뿌린다.

5 3의 두 가지 색 쌀가루를 겹치지 않게 안친다.

6 윗면에 검은깨가루를 뿌리고 김이 오른 찜통에 올려 30분 정도 찐다.

🍲 준비하기

○ 대추는 씨를 제거해 깍둑썰고 밤은 껍질을 깎아 적당한 크기로 깍둑썰기한 다음 설탕 (분량 외)에 절여 수분을 뺀다.
○ 자색고구마는 쪄 껍질을 제거한다.

7 긴 직사각형 틀에 비닐을 깔고 쪄낸 반죽을 길게 조금씩 잘라 구름 모양이 되도록 비틀며 쌓아 채운다.

8 어느 정도 모양이 잡히면 틀에서 꺼내 겉면에 검은깨가루를 골고루 묻힌다.

9 다시 틀에 넣고 냉장고에서 굳힌 뒤 틀에서 꺼내 적당한 두께로 자른다.

가을
구운 사과찰떡

구운 사과찰떡

쫄깃함과 달콤함을 조합한 신개념 퓨전떡으로, 기본 찰떡 반죽에 머랭과 우유, 생크림 등을 더해 오븐에 구웠다. 잣과 블루베리 외에 여러 견과류나 건조 과일을 듬뿍 사용하면 식감이 훨씬 풍부해진다. 아이들 영양 간식으로 추천한다.

1 씨를 제거한 사과를 슬라이서로 얇게 썰어 설탕에 재운다.

2 1의 사과를 채반 위에 한 장씩 길게 이어 붙여 올린 뒤 말려 사과정과를 만든다.

3 사과정과를 가위로 길게 반으로 자른다.

🌼 재료

흰자 · 2개 분량
설탕 · ½컵
찹쌀가루 · 500g
우유 · 1컵
생크림 · 1컵
올리브 오일 · 2큰술
잣 · 적당량
건조 블루베리 · 적당량

사과정과
사과 · 1개
설탕 · 적당량

4 볼에 흰자와 설탕을 넣고 미색이 될 때까지 휘핑한다.

5 4에 찹쌀가루, 우유, 생크림, 올리브 오일을 넣고 섞는다.

6 잣, 건조 블루베리를 넣고 섞는다.

7 3의 사과정과에 6의 반죽을 묻혀 원형 틀 안쪽에 띠처럼 두른다.

8 남은 반죽을 마저 채우고 윗면에 잣과 건조 블루베리를 올린다.

9 180℃ 오븐에서 20분 정도 구운 뒤 틀에서 빼 식힌다.

冬 겨울

가을에 거두어 말리거나 저장해 둔 먹을 거리,
약재로도 쓰이는 귀한 재료가 듬뿍 들어간
따뜻하고 푸짐한 떡으로 겨울 추위를 녹여 보자.
덤으로 크리스마스를 더욱 빛내 줄 센스만점 떡까지 준비했다.

고구마설기

고구마설기를 만드는 방법은 간단하다. 생고구마를 쓱쓱 썰어 멥쌀가루와 섞고 시루에 찌면 달콤한 고구마설기 완성. 남들보다 조금 보기 좋게 만들고 싶다면 자색고구마로 보랏빛 색감을 더해 보자.

1 멥쌀가루에 물, 자색고구마A를 넣고 고루 섞어 체에 내린 다음 설탕을 넣고 섞는다.

2 긴 직사각형 틀의 ⅓ 높이까지 2의 쌀가루를 평평하게 넣는다.

3 남은 쌀가루에 깍둑썰기한 호박고구마와 자색고구마B를 넣고 버무린다.

🎀 재료

멥쌀가루 • 1kg
물 • 1컵
자색고구마A • 1컵
설탕 • 1컵
호박고구마 • 2개
자색고구마B • 1½개

🍲 준비하기

○ 자색고구마A는 찐 뒤 껍질을 벗겨 준비하고 자색고구마B와 호박고구마는 껍질을 벗겨 깍둑썰기한다.

4 쌀가루에 버무린 고구마를 틀의 ⅔ 높이까지 넣는다.

5 4 위에 남은 쌀가루를 평평하게 채우고 시루밑을 깐 시루에 옮긴다.

6 김이 오른 찜통에 시루를 올려 20분 정도 찐 다음 엎어 설기를 꺼낸다.

7 먹기 좋은 크기로 자른다.

고구마 · 팥설기

고구마·팥설기

작은 틀을 이용해 1인용으로 만든 하얀 설기에 노란색 고구마로 둘레를 장식하고 위아래 붉은팥을 넣어 색감을 살렸다. 떡에 고구마의 달콤한 맛과 향을 한층 더하기 위해 고구마를 설탕에 재운 뒤 즙을 내어 넣었다.

1 고구마에 설탕을 뿌리고 골고루 버무려 즙이 나올 때까지 재운다.

2 고구마는 건지고 고구마에서 나온 즙은 1컵을 계량해 둔다.

3 멥쌀가루에 2의 고구마즙을 넣고 손으로 비벼 고루 섞은 뒤 체에 내린다.

🌾 재료

고구마 · 600g
설탕 · 1컵
멥쌀가루 · 1kg

고물
팥고물 · 1kg

🍲 준비하기

○ 고구마는 깨끗이 씻은 뒤 일부는 껍질째 동그란 단면을 살려 약 4mm 두께로 썰고 나머지는 1cm 정방형으로 썬다.

4 쌀가루에 2의 정방형 고구마를 넣고 섞는다.

5 시루밑을 깐 시루에 원하는 모양의 틀을 올리고 팥고물의 절반을 골고루 뿌린 뒤 틀 안쪽 옆면에 얇게 썬 고구마를 붙인다.

6 틀 안에 4의 고구마를 넣은 쌀가루를 안친다.

7 남은 팥고물을 쌀가루가 보이지 않도록 올린다.

8 김이 오른 찜통에 올려 30분 정도 찐 다음 틀에서 빼 식힌다.

쇠머리떡

충청도 지방의 향토 떡인 쇠머리떡은 온갖 재료를 버무린 쫀득한 찰떡으로, 겹쳐서 잘랐을 때 그 모양이 쇠머리편육 같다 하여 붙여진 이름이다. 모듬백이 혹은 모듬찰떡이라고도 부른다. 밤, 대추, 호박고지, 서리태가 듬뿍 들어가 있어 한 조각만 먹어도 든든하다.

재료

밤 • 1컵
대추 • 1컵
호박고지 • 2컵
서리태 • 300g
설탕 • 1컵
찹쌀가루 • 1kg

준비하기

○ 서리태는 하룻밤 동안 불려 놓는다.
○ 밤은 속껍질까지 제거하고 대추는 돌려 깎아 씨를 제거한 다음 적당한 크기로 자른다.

1 밤을 먼저 ⅓ 자른 다음 자른 면이 바닥에 가도록 눕히고 다시 반으로 잘라 겉면이 최대한 많이 보이도록 3등분한다.

2 시루밑을 깐 시루에 밤의 겉면이 아래를 향하도록 깔고 대추는 껍질 부분이 아래를 향하도록 놓는다.

3 밤과 대추 위에 호박고지와 서리태를 수북하게 올린다.

4 설탕을 뿌려 흡수될 때까지 잠깐 둔다.

5 찹쌀가루를 올리고 윗면을 평평하게 고른다.

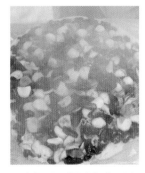

6 김이 오른 찜통에 올려 30분 정도 찐 다음 식혀 먹기 좋은 크기로 자른다.

대추약식

약식은 정월대보름을 대표하는 음식이다. 포근한 밤과 달짝지근한 대추를 활용하고 소형 틀을 사용해 부담스럽지 않은 간식으로 먹기에도 좋다.

1 냄비에 물(분량 외) 적당량과 살을 발라낸 대추씨를 넣고 끓여 대추 삶은 물을 만든다.

2 다른 냄비에 설탕을 넣고 중불에서 녹인다.

3 녹인 설탕에 1의 대추 삶은 물을 넣고 끓이다가 거품이 일면 불을 꺼 시럽을 만든다.

재료

불린 찹쌀 • 1kg
소금 • 1큰술
밤 • 10개
대추 • 10개
설탕 • ½컵
기름 • ¼컵

시럽
설탕 • 1컵
대추 삶은 물 • ½컵

준비하기

○ 밤은 속껍질까지 벗겨 고명용을 따로 덜어 얇게 썬 다음 설탕에 절여 두고 나머지는 3등분한다.

○ 대추는 돌려 깎아 살을 발라낸 뒤 고명용은 얇게 자르고 나머지는 3등분해 둔다. 발라낸 대추씨는 대추 삶은 물을 만들 때 사용한다.

4 시루밑을 깐 시루에 불린 찹쌀을 넣은 다음 김이 오른 찜통에 시루를 올려 30분 정도 찐다.

5 쪄낸 찰밥에 소금, 준비한 밤과 대추, 설탕 ½, 3의 시럽을 섞은 뒤 시럽이 잘 스며들도록 1시간 정도 둔다.

6 시루밑을 깐 시루에 5의 양념한 찰밥을 넣은 다음 김이 오른 찜통에 올려 밤이 익을 때까지 찐다.

7 남은 설탕과 기름을 넣고 살살 버무린다.

8 원하는 모양 틀에 눌러 채워 넣는다.

9 밤, 대추 고명을 올려 장식하고 틀에서 뺀다.

잡과편

잡과편은 동그렇게 빚거나 약과 모양으로 잘라 삶은 다음 꿀을 바르고 고물을 묻힌 떡이다. 석이버섯, 대추를 듬뿍 버무려 식감이 풍부하고 영양가가 높아 차례상은 물론 손님을 대접할 때도 좋은 떡이다.

1 냄비에 물, 설탕을 넣고 끓여 시럽을 만든 뒤 식힌다.

2 밤은 속껍질까지 벗긴 다음 가늘게 채 썬다.

3 손질한 석이를 잘게 다진다.

🌼 재료

찹쌀가루 • 1kg
끓는 물 • 2컵

시럽
물 • 1컵
설탕 • 1컵

고물
대추 • 적당량
밤 • 적당량
석이 • 적당량

🍲 준비하기

○ 대추는 돌려 깎아 씨를 제거하고 밀어 펴 가늘게 채썬다.

4 찹쌀가루에 끓는 물을 넣고 익반죽한다.

5 반죽을 가래떡 굵기로 길게 늘인 다음 20g씩 분할한다.

6 분할한 반죽을 손바닥으로 둥글려 새알 모양으로 만든다.

7 끓인 물(분량 외)에 반죽을 넣고 삶아 떡이 떠오르면 건진다.

8 1의 시럽에 떡을 넣고 겉면에 시럽이 스며 살짝 투명해질 때까지 담갔다가 건진다.

9 준비해둔 대추채, 밤채, 석이 채를 골고루 떡에 붙인다.

녹두편

녹두고물의 구수함이 일품인 녹두편은 주로 궁중 잔치에 등장하던 떡이다. 쌀가루와 녹두고물을 번갈아가며 켜켜이 쌓아 찌는 것이 보편적이며 이때 밤과 대추를 넣어도 좋다. 흔히 제사상에 올리는 크고 노란 사각형 떡이 바로 이 녹두편이다.

1 멥쌀가루에 물을 넣고 손으로 비벼 골고루 섞은 다음 체에 내린다.

2 1의 멥쌀가루에 찹쌀가루를 넣어 손으로 비벼가며 섞은 다음 설탕을 넣고 섞는다.

3 시루밑을 깐 시루에 녹두고물을 얇게 깐다.

4 2의 쌀가루를 넣고 윗면을 평평하게 정리한다.

5 쌀가루 위에 남은 녹두고물을 얇게 깐다.

6 김이 오른 찜통에 시루를 올려 30분 정도 찐 다음 식힌다.

7 스크레이퍼로 먹기 좋은 크기로 자른다.

🌾 재료

멥쌀가루 • 500g
물 • ½컵
찹쌀가루 • 500g
설탕 • ½컵

고물
녹두고물 • 1kg

과일무설기

멥쌀가루에 무를 넣으면 떡의 식감이 부드러워져 소화가 잘된다. 특히 잘 여문 겨울의 무는 단맛이 깊고 영양이 풍부해 보약이라 불리는 재료. 일반 무에 비해 더 달고 색감이 고운 과일무를 사용하여 맛과 멋을 모두 살렸다.

1 과일무를 슬라이서로 얇게 자른다.

2 얇게 자른 과일무 일부를 꽃잎 틀로 찍는다.

3 볼에 꽃잎 모양으로 자른 과일무를 넣고 설탕의 일부를 뿌려서 절인 다음 수분이 나오면 건지고 체반에 올려서 말린다.

재료

과일무 • 1개
설탕 • 1컵
멥쌀가루 • 1kg

4 남은 과일무를 채썰어 그릇에 넣고 남은 설탕을 뿌려 절인 다음 과일무를 건져내고 무에서 나온 즙 1컵을 계량한다.

5 3에서 만든 과일무정과 2장으로 꽃 모양을 만든다.

6 멥쌀가루에 4의 과일무즙을 넣고 손으로 비벼 고루 섞은 다음 체에 내린다.

7 4의 채 썬 과일무를 넣고 섞는다.

8 시루밑을 깐 시루에 원형 틀을 놓고 7을 넣는다.

9 김이 오른 찜통에 올려 20분 정도 찐 다음 틀에서 빼고 윗면에 과일무정과를 올려 장식한다.

콩설기

검정콩 대신 멥쌀가루에 찐 콩가루를 섞어 한층 부드럽고 고소한 콩설기를 만들었다. 색색의 반죽을 트리, 포인세티아 등의 모양 틀로 찍어 장식하면 크리스마스 분위기를 연출할 수도 있다.

1 멥쌀가루에 콩가루를 섞은 다음 물을 넣고 고루 비벼 섞어 체에 내린다.

2 1을 1½컵 따로 덜어 계핏가루를 넣고 섞는다.

3 나머지 1에 설탕을 넣고 고루 섞는다.

🌿 재료

멥쌀가루 • 1kg
콩가루(찐 것) • 1컵
물 • 1컵
계핏가루 • 1큰술
설탕 • ½컵

장식

물엿 • ⅔큰술
쑥가루 • 1큰술
딸기주스가루 • 1큰술
콩가루(찐 것) • 적당량
스프링클 • 적당량

4 시루밑을 깐 시루에 3의 쌀가루를 넣은 다음 윗면을 스크레이퍼로 평평하게 고른다.

5 삼각형으로 구멍이 뚫린 틀을 올리고 삼각형 부분에 2의 계핏가루를 섞은 쌀가루를 넣는다.

6 윗면을 스크레이퍼로 매끄럽게 정리한 다음 틀을 제거한다.

🍲 준비하기

o 물엿을 반으로 나누어 쑥가루, 딸기주스가루를 각각 넣고 섞은 뒤 콩가루를 조금씩 넣어가며 한 덩어리가 될 때까지 섞고 주물러 장식용 반죽을 만든다.

7 칼금을 긋고 김이 오른 찜통에 올려 20분 정도 찐 다음 식히고 칼금을 따라 자른다.

8 쑥가루와 딸기주스가루 반죽을 얇게 밀어 펴 각각 트리 모양 틀과 꽃 모양 틀로 찍어 모양낸다.

9 7의 콩설기 위에 8에서 만든 장식을 올리고 트리 모양 위에 스프링클을 뿌려 완성한다.

석탄병

석탄병은 '삼키기 아까운 떡'이라는 뜻으로 감, 잣, 밤, 대추, 녹두 등 온갖 몸에 좋은 재료들을 멥쌀가루 사이에 넣어 보슬보슬하고 먹음직스럽다.

1 믹서기에 감가루와 잣가루를 넣고 돌려 섞는다.
※ 단단하게 뭉친 감가루는 잣가루와 섞어 믹서에 살짝 갈면 보슬보슬하게 풀어진다.

2 물에 씨와 꼭지를 제거한 곶감을 넣고 숟가락으로 푼다.

3 멥쌀가루에 물에 푼 곶감을 넣고 손으로 비벼 고루 섞은 다음 생강즙, 꿀을 넣는다.

4 다시 한 번 손으로 비벼 고루 섞은 다음 체에 내린다.

5 4에 1을 넣고 골고루 섞는다.

6 고명으로 사용할 밤채, 대추채를 조금씩 남겨 놓고 나머지를 넣어 섞는다.

7 시루밑을 깐 시루에 녹두고물의 ½을 골고루 뿌린다.

8 녹두고물 위에 원형 틀을 올리고 6을 넣은 다음 고명용으로 남겨 둔 밤채와 대추채를 올린다.

9 남은 녹두고물을 덮어 윗면을 평평하게 하고 김이 오른 찜통에 올려 20분 정도 찐 다음 틀에서 빼 식힌다.

🎴 재료

감가루 • ½컵
잣가루 • ½컵
물 • 1컵
곶감 • 1개
멥쌀가루 • 1kg
생강즙 • 1큰술
꿀 • 3큰술
밤 • 5개
대추 • 10개

고물

녹두고물 • 1kg

🍲 준비하기

○ 밤은 속껍질까지 벗긴 뒤 잘게 채썰고 대추는 돌려 깎아 씨를 제거한 뒤 잘게 채썬다.

조랭이떡

조랭이떡

예로부터 개성지방에서는 떡국 안에 가래떡 대신 조랭이떡을 넣어 먹었다고 한다.
조랭이떡 반죽에 연잎가루와 감가루를 섞어 고운 색을 입히고 담백한 맛에 은은한
향을 더해 풍미를 높였다.

1 멥쌀가루 500g에 연잎가루,
물 1컵을 넣고 한 덩어리가 될
때까지 반죽한다.

2 나머지 멥쌀가루에 감가루,
물 1컵을 넣어 반죽한 뒤 시루
밑을 깐 시루에 두 가지 반죽을
적당한 크기로 뭉쳐 넣는다.

3 김이 오른 찜통에 시루를 올
려 20분 정도 찐다.

🌼 재료

멥쌀가루 • 1kg
물 • 2컵

색내기
연잎가루 • 1작은술
감가루 • 1작은술

마무리
기름 • 1컵

4 쪄낸 반죽을 각각 부드러워질
때까지 주물러 가래떡 굵기로
늘이고 맞붙인다.

5 4를 다시 가래떡 굵기로 길게
늘인 다음 손날을 사용해 약
15~16g씩 분할한다.

6 가운데를 젓가락으로 누르며
굴려 골을 만든다.

7 겉면에 기름을 골고루 발라
마무리한다.

인삼우메기

인삼우메기는 찹쌀가루를 둥글게 빚어낸 다음 기름에 튀겨 즙청을 묻힌 떡이다. 쫀득한 식감으로 어른 아이 할 것 없이 남녀노소 모두에게 인기가 있으며 잔칫상에 빠지지 않고 등장하는 개성의 특산물이다.

1 즙청시럽 1컵에 인삼시럽, 막걸리를 넣고 섞는다.

2 찹쌀가루에 중력분을 넣고 섞은 뒤 1을 넣고 한 덩어리가 될 때까지 반죽한다.

3 2의 반죽을 가래떡 굵기로 길게 늘인 뒤 20g씩 떼어 내 둥글납작하게 빚는다.

재료

즙청시럽 • 적당량
인삼시럽 • ½컵
막걸리 • ½컵
찹쌀가루 • 800g
중력분 • 200g
튀김용 기름 • 적당량

고명
무정과 • 적당량

준비하기

○ 냄비에 물 1컵, 생강가루 2큰술, 소금 5g, 계핏가루 1큰술, 물엿 2kg을 넣고 끓인 뒤 식혀 즙청시럽을 만든다.

4 숟가락 손잡이 부분을 사용해 늙은 호박처럼 골을 여러 개 넣는다.

5 중앙을 눌러 구멍을 뚫는다.

6 튀김용 기름을 130℃까지 가열해 5를 넣고 굴려가며 노릇하게 튀긴 뒤 건진다.

7 기름을 제거하고 식힌 6을 즙청시럽에 넣어 잘 스며들도록 굴리며 골고루 묻힌다.

8 5에서 냈던 구멍에 꽃 모양으로 만든 무정과를 꽂아 마무리한다.

조침떡

조침떡은 밭농사가 많아 고구마가 흔한 제주도에서 즐겨 먹던 향토떡이다. 원래는 좁쌀가루만 넣지만 찹쌀가루를 섞으면 식감이 더욱 부드러워진다. 고구마 대신 무를 넣어도 맛있고, 가을에 수확해둔 다른 작물을 그득하게 넣어도 좋다.

재료

고구마 • 2개
설탕 • 1컵
좁쌀가루 • 500g
찹쌀가루 • 500g

고물
팥고물 • 1kg
계핏가루 • ½작은술

1 볼에 껍질째 두툼하게 채썬 고구마, 설탕의 일부를 넣고 버무려 절인다.

2 고구마에서 수분이 나오면 고구마만 따로 건져 낸다.

3 좁쌀가루, 찹쌀가루, 남은 설탕을 넣고 손으로 비벼 고루 섞은 뒤 체에 내린다.

4 3에 수분을 제거한 고구마를 넣고 섞는다.

5 시루밑을 깐 시루에 팥고물 ½을 평평하게 깐 다음 계핏가루를 솔솔 뿌린다.

6 팥고물 위에 4를 평평하게 넣는다.

7 남은 팥고물로 윗면을 덮고 김이 오른 찜통에 올려 30분 정도 찐 다음 식혀 먹기 좋은 크기로 자른다.
❋ 찐 떡은 팥고물이 사방으로 튀지 않도록 옆면을 잘 여민 뒤 엎어 빼낸다.

겨울
대추단자

대추단자

대추단자는 찹쌀가루에 대추고를 넣고 쪄낸 다음 밤채나 대추채를 묻혀 만드는
떡이다. 대추고를 듬뿍 넣었기 때문에 풍미가 좋고 달콤하다.

1 준비한 대추, 밤, 석이를 잘게
채 썰어 고명을 준비한다.

2 냄비에 남겨 둔 대추씨와 물
(분량 외)을 넣고 끓인 다음 체에
걸러 껍질과 씨를 제거하고 걸쭉
하게 졸여 대추고를 만든다.

3 찹쌀가루에 대추고를 넣고 손
으로 비벼 고루 섞는다.

🌾 재료

찹쌀가루 • 1kg
대추고 • ½컵
설탕 • ¼컵
꿀 • ½컵

고명

대추 • 20개
밤 • 10개
석이 • ½컵

🍲 준비하기

○ 대추는 씨 부분으로 대추고를
만들기 때문에 살을 붙여
두툼하게 돌려 깎아 씨와 살을
분리한다. 밤은 속껍질까지
벗기고 석이는 깨끗이 씻은 뒤
딱딱한 부분을 제거한다.

4 3의 쌀가루를 체에 내린 다음
설탕을 넣고 섞는다.

5 시루밑을 깐 시루에 4의 쌀가
루를 넣고 윗면을 평평하게 정
리한 뒤 김이 오른 찜통에 올려
30분 정도 찌고 식힌다.

6 숟가락이나 실리콘 붓을 이용
해 찐 떡의 표면에 꿀을 바른다.

7 꿀을 바른 떡을 작은 원형 틀
로 찍는다.

8 준비한 세 가지 고명을 각각
묻혀 완성한다.

겨울 트리 백설기

트리 백설기

눈처럼 새하얀 백설기 위에 귀여운 트리 모양 장식을 포인트로 올렸다. 보기에도 좋고 먹기에도 좋은 '트리 백설기'가 크리스마스 분위기를 한껏 살려준다. 아이들과 함께 만들면 크리스마스에 좋은 선물이 될 수 있을 듯하다.

🍚 재료

멥쌀가루A • 100g
계핏가루 • 1작은술
물 • 4큰술
멥쌀가루B • 1kg
배즙 • 1컵
생강즙 • 1큰술
설탕 • ½컵

장식

멥쌀가루C • 100g
쑥가루 • 1작은술
물 • 4큰술
대추고명 • 적당량

🍲 준비하기

○ 대추고명은 대추를 돌려 깎아 씨를 제거한 다음 얇게 밀어 펴 꽃 모양 커터로 잘라 준비한다.

1 멥쌀가루A에 계핏가루, 물을 넣어 손으로 비벼 고루 섞고 체에 내린다.

2 멥쌀가루B에 배즙, 생강즙을 넣어 고루 섞은 다음 체에 내리고 설탕을 넣어 섞는다.

3 멥쌀가루C에 쑥가루, 물을 넣어 반죽한 뒤 밀대로 밀어 펴 트리 모양 틀로 찍는다.

4 시루밑을 깐 시루에 2의 쌀가루를 평평하게 넣고 칼금을 그은 뒤 3에서 만든 트리 모양 반죽의 일부와 사각형 구멍이 뚫린 틀을 올린다.

5 4에서 트리 모양 반죽을 올리지 않은 틀 안쪽에 계핏가루를 섞은 멥쌀가루를 채우고 남은 트리 모양 반죽을 올린 뒤 틀을 제거한다.

6 김이 오른 찜통에 시루를 올려 20~30분 정도 찐 다음 트리 장식 위에 대추고명을 얹어 장식한다.

겨울 크리스마스 절편

크리스마스 절편

약간의 손재주와 센스를 더하면 크리스마스 만찬에 어울리는 절편을 만들 수 있다.
절편에 고리를 만들어 트리에 장식해보는 것도 재미있는 추억이 될 듯.

1 멥쌀가루에 물을 넣고 손으로 비벼 고루 섞는다.

2 시루밑을 깐 시루에 1의 쌀가루를 안치고 김이 오른 시루에 올려 10분 정도 찐다.

3 찐 떡 반죽을 600g 한 덩이, 200g 두 덩이로 나누어 600g은 그대로 두고 200g 반죽 각각에 쑥가루, 딸기가루를 넣는다.

🍃 재료

멥쌀가루 • 1kg
물 • 2컵

색내기
쑥가루 • 적당량
딸기가루 • 적당량

고명
파슬리가루 • 적당량

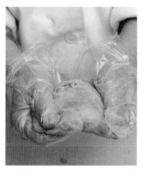

4 방망이로 치대고 부드럽게 주물러 각각 녹색과 진분홍색으로 물들이고 진분홍색 떡은 50g을 따로 떼어 놓는다.

5 600g짜리 흰떡을 가래떡 굵기로 늘여 6등분한 다음 다시 포개 한 덩어리로 만들고 길게 늘인 녹색 떡과 진분홍색 떡을 올린다.

6 녹색 떡과 진분홍색 떡으로 흰 떡을 감싸듯이 돌려 가며 붙인다.

7 떡을 길게 늘여 30g씩 떼어내 링 모양으로 만든다.

8 4에서 남겨 둔 진분홍색 떡 반죽을 최대한 얇게 밀어 펴고 5mm 간격으로 길게 자른다.

9 리본 모양을 만들어 7의 링 모양 떡의 이음매 위에 올리고 파슬리 가루를 뿌려 장식한다.

겨울 크리스마스 트리 붕기

크리스마스트리 설기

원기를 회복하는 데 효과가 좋다는 산수유. 신맛이 강한 산수유에 단맛을 더하기 위해 설탕에 절여 즙을 냈다. 산수유 즙으로 설기를 만드니 눈이 듬뿍 쌓인 트리에 빨간 열매 오너먼트를 매단 것 같다.

1 멥쌀가루에 준비한 산수유즙을 넣고 손으로 비벼 고루 섞은 다음 체에 내린다.

2 1의 쌀가루 80% 분량에 건져 둔 산수유를 넣고 섞는다.

3 나머지 20% 분량의 쌀가루에 쑥가루를 넣어 섞은 뒤 체에 내린다.

🌾 재료

산수유 • 800g
설탕 • 1컵
멥쌀가루 • 1kg
쑥가루 • 2큰술

고명
산수유정과 • 적당량
파슬리 • 적당량

🍲 준비하기

○ 씨를 제거한 산수유에 설탕을 넣고 재워 즙을 낸 뒤 산수유는 건져내고 즙 1컵을 계량해 둔다.

4 시루밑을 깐 시루 한쪽에 3의 쑥가루 섞은 쌀가루를 안친 다음 원형 틀로 완전히 찍어 자국을 낸다.

5 시루의 나머지 공간에 컵 모양 틀을 놓고 틀 안에 2의 쌀가루를 넣은 뒤 김이 오른 찜통에 올려 30분 정도 찐다.

6 원형으로 자른 쑥 설기 위에 틀에서 뺀 산수유 설기를 올린다.

7 윗면에 산수유정과와 파슬리를 올려 장식한다.

겨울
크리스마스 떡케이크

크리스마스 떡 케이크

화이트 크리스마스를 떠올리게 하는 떡 케이크를 만들었다. 옆면에는 멥쌀가루로 트리를, 윗면에는 절편으로 포인세티아를 표현해 크리스마스 분위기를 살렸다.

1 멥쌀가루에 소주, 물을 넣고 손으로 고루 비벼 체에 내린 다음 설탕을 넣고 섞는다.

2 1의 쌀가루 100g을 따로 덜어 녹차가루를 넣고 골고루 섞어 녹색을 낸다.

3 시루밑을 깐 시루에 원형 틀을 놓고 2의 녹색 쌀가루를 틀 안쪽 가장자리에 트리 모양이 되도록 매만져 넣는다.

🌾 재료

멥쌀가루 • 1kg
소주 • ½컵
물 • ½컵
설탕 • 1컵

색내기
녹차가루 • 10g

장식
절편 • 적당량
녹차가루 • 적당량
천년초가루 • 적당량

🍲 준비하기

○ 멥쌀가루 100g(분량 외)에 물 ⅓컵을 넣어 섞고 20분 정도 찌고 치대어 절편을 만든 다음 반으로 나누어 각각 녹차가루, 천년초가루를 넣고 섞어 녹색과 빨간색 장식용 절편을 만든다.

4 남은 흰색 쌀가루로 빈 공간을 꼼꼼하게 채우고 윗면을 평평하게 정리한다.

5 원형 틀을 좌우로 살짝 흔들어 틀과 쌀가루 사이에 공간을 만들고 김이 오른 찜통에 올려 30분 정도 찐 다음 틀을 제거해 식힌다.

6 녹색, 빨간색 장식용 절편을 얇게 밀어 펴 잎 모양 틀로 찍어낸다.

7 잎 모양 절편 윗면을 가위 날로 눌러 잎맥을 표현한다.

8 떡 위에 녹색 잎 모양 절편을 돌려 가며 올린 다음 그 위에 빨간색 잎 모양 절편을 교차해 올려 포인세티아 모양을 만든다.

산수유 떡케이크

산수유즙을 넣어 연분홍빛 색감이 고운 케이크를 만들고, 윗면에는 쑥가루 반죽으로 만든 트리를 올렸다. 포인트로 장식한 빨간 산수유와 눈처럼 뿌린 코코넛파우더가 크리스마스 분위기를 한층 화려하게 돋운다.

1 멥쌀가루에 산수유즙과 소주를 넣고 손으로 비벼 고루 섞은 뒤 체에 내린다.

2 1의 일부를 덜어 쑥가루와 물을 조금 넣고 주물러 한 덩어리가 될 때까지 반죽한다.

3 쑥 반죽을 얇게 밀어 편 다음 크고 작은 크리스마스트리 모양 틀과 나뭇잎 모양 틀로 찍는다.

🌸 재료

산수유 · 1컵
설탕 · 1컵
멥쌀가루 · 1kg
산수유즙 · 1컵
소주 · ½컵

색내기
쑥가루 · 1작은술
물 · 적당량

장식
식용 금박 · 적당량
코코넛파우더 · 적당량

4 원형 틀 안쪽에 3에서 만든 작은 크리스마스트리를 일정한 간격으로 띄엄띄엄 붙인다.

5 1의 쌀가루에 산수유를 절이고 남은 설탕을 넣고 섞는다.
❄ 설탕은 반죽이 덩어리지지 않도록 안치기 바로 전에 섞는다.

6 시루밑을 깐 시루에 4의 원형 케이크 틀을 놓고 5의 쌀가루를 채운 뒤 칼금을 넣고 남은 쌀가루를 살짝 덮어 표면을 정리한다.

🍲 준비하기

○ 볼에 씨를 제거한 산수유와 설탕을 조금 넣고 절인 다음 산수유는 따로 건져 건조시키고 남은 산수유즙 1컵을 계량한다.

7 윗면에 3에서 만든 큰 크리스마스트리와 나뭇잎을 모양내 올리고 산수유로 곳곳을 장식한다.

8 김이 오른 찜통에 시루를 올려 20분 정도 찐 다음 틀을 제거하고 식힌다.

9 크리스마스트리 위에 식용 금박을 붙이고 케이크 윗면에 코코넛파우더를 솔솔 뿌린다.

한과

우리의 옛과자를 일컫는 한과는 유과, 유밀과, 강정,
다식, 숙실과, 정과, 과편 등을 아우르는 말이다.
몸에도 좋고 맛도 좋은 다양한 한과에
시원하게 즐길 수 있는 음청류를 더했다.

한과
잣박산

잣
박
산

잣박산은 잣을 꿀이나 엿에 버무려 만드는 전통 한과로 '잣강정'이라고도 한다. 잣을 통째로 가득 넣어 만들기에 주로 명절이나 손님상에 내던 고급 한과였다고 전해진다. 잣박산을 만들 때 물엿만으로 버무리면 물러지고 설탕만으로 버무리면 금방 굳으므로 물엿과 설탕을 적당히 섞어 사용하는 것이 좋다.

1 냄비에 물엿을 넣고 가열한 뒤 설탕을 넣어 나무주걱으로 저어 가며 녹이고 불을 끈다.

2 다른 냄비에 잣을 넣고 저어 가며 골고루 볶는다.

3 1의 시럽에 볶은 잣을 부어 버무린다.
❀ 수분이 너무 많아 질 경우 전 지분유를 넣어 섞는다.

🌸 재료

물엿 • ⅓컵
설탕 • 1큰술
잣 • 4컵
건조 딸기 분태 • 1큰술

4 비닐을 깐 강정 틀에 3을 넣고 펼치며 꼼꼼히 채운다.

5 윗면에 건조 딸기 분태를 골고루 뿌린다.

6 윗면을 밀대로 밀어 평평하게 만든다.

7 틀에서 빼 먹기 좋은 크기로 자른다.

한과
매작과

매작과

매화나무(梅)에 참새(雀)가 앉아 있는 모습이라 하여 이름 붙여진 매작과는 아름다운 디자인 덕분에 자꾸 눈이 간다. 다른 색의 반죽 두 개를 겹쳐 모양을 내고 기름에 튀겨 즙청을 입히면 바삭바삭하고 고소하면서 단맛이 나는 매작과가 완성된다.

재료

중력분 · 500g
소주 · 1컵
소금 · 2g
튀김용 기름 · 적당량

색내기

보리새싹가루 · 1큰술
딸기가루 · 1큰술

즙청시럽

물 · 1컵
생강가루 · 2큰술
물엿 · 2kg
소금 · 5g
계핏가루 · 1큰술

준비하기

○ 냄비에 즙청시럽 재료를 모두 넣고 끓인 뒤 식힌다.
○ 중력분에 소주와 소금을 넣고 한 덩어리가 될 때까지 반죽한 뒤 대략 반 정도로 나누고 그 중 양이 적은 쪽 반죽을 다시 2등분해 한쪽에는 보리새싹 가루를, 또 다른 한쪽에는 딸기가루를 넣어 물들인다. 색을 물들이는 반죽의 분량을 더 적게 한다.

1 흰색 반죽을 얇고 길게 밀어 펴 반으로 나눈 뒤 직사각형으로 자른다.

2 녹색, 분홍색 반죽을 얇게 밀어 펴 1의 직사각형보다 약간 작은 직사각형으로 자른다.

3 흰색 직사각형 반죽 위에 2의 녹색 반죽, 분홍색 반죽을 각각 올린 뒤 돌돌 만다.

4 일정한 두께로 어슷썬 다음 밀대로 납작하게 밀어 편다.

5 먼저 중앙에 세로로 칼집을 낸 뒤 간격을 두고 양옆으로 칼집을 내 총 세 줄의 칼집을 낸다.

6 가운데 칼집을 벌려 한 쪽 끝을 넣고 뒤집어 빼 꼬인 모양으로 만든다.

7 130℃ 튀김용 기름에 모양 낸 반죽을 넣고 갈색빛이 돌 때까지 튀긴다.

8 즙청시럽에 담갔다가 건지고 망에 올려 여분의 시럽을 뺀다.

한과
삼색 쌀강정

삼색 쌀강정

곱게 색을 낸 세 가지 색의 조합에서 단아함이 느껴지는 쌀강정을 만들었다. 차 한 잔에 곁들이면 더할 나위 없는 우리 전통 간식이다.

1 불린 찹쌀을 시루밑을 깐 시루에 넣고 김이 오른 찜통에 올려 30분 정도 찐다.

2 두 개의 볼에 물(분량 외)을 넣고 각각 딸기주스가루, 파란색 주스가루를 넣어 색을 낸다.

3 1에서 찐 찹쌀을 3등분해 하나는 그대로 두고 나머지는 두 가지 색 물에 각각 넣어 뭉친 부분이 없도록 풀어 준다.

 재료

찹쌀 • 1kg
튀김용 기름 • 적당량
물엿 • 3컵
설탕 • 3큰술

색내기
딸기주스가루 • 1큰술
파란색 주스가루 • 1큰술

 준비하기

○ 찹쌀을 씻은 뒤 4시간 정도 물에 불려 둔다.

4 분홍색, 파란색으로 물들인 3의 찹쌀을 각각 체에 걸러 물기를 뺀다.

5 쟁반에 색별로 각각 펼쳐 넣고 이틀 정도 바람에 말린다.

6 튀김용 기름을 200℃까지 가열해 5를 각각 튀긴 뒤 건져 키친타월을 간 쟁반에 펼치고 기름기를 빼 식힌다.

7 팬에 물엿 1컵, 설탕 1컵씩을 넣고 설탕이 녹을 때까지 가열한 다음 불을 끄고 6을 색별로 넣어 골고루 버무린다.
※ 물엿과 설탕 대신 마시멜로를 녹여 사용해도 좋다.

8 강정 틀에 7을 넣고 밀대로 밀어 평평하게 채운다.

9 굳혀 틀에서 뺀 뒤 아래부터 파란색, 분홍색, 흰색 순으로 겹쳐 먹기 좋은 크기로 자른다.

꽃
매
작
과

매작과는 밀가루 반죽을 기름에 튀겨 고소하면서도 바삭바삭한 식감이 특징이다.
생강즙을 내 만든 생강 시럽을 묻혀도 좋고 간단하게 꿀을 묻혀 내도 좋다.

🌸 재료

소주 • 2컵
흰자 • 50g
소금 • 5g
중력분 • 1kg
튀김용 기름 • 적당량

즙청시럽
물엿 • 1kg
설탕 • ½컵
다진 생강 • 100g
소금 • 3g

색내기
딸기주스가루 • 1작은술
쑥가루 • 1큰술
오렌지주스가루 • 1작은술

🍲 준비하기

○ 다진 생강을 짜 생강즙을
   낸다.

🌸 도움말

○ 가루를 넣어 색을 낼 경우
   반죽이 빽빽해지면 물을
   추가로 조금 넣어 수분함량을
   높인다.

1 볼에 소주, 흰자, 소금을 넣고 푼 다음 중력분에 넣고 반죽한다.

2 1의 반죽을 ⅓씩 덜고 각각 딸기주스가루, 쑥가루, 오렌지주스가루를 넣어 분홍색, 초록색, 주황색 반죽을 만든다.

3 분홍색 반죽과 초록색 반죽을 밀대로 얇게 밀어 편 다음 장식용 반죽 일부를 남겨 두고 2.5×5㎝ 직사각형으로 자른다.

4 3의 반죽 가운데에 일정한 간격으로 5줄의 칼집을 넣은 다음 한쪽을 가운데 칼집 사이로 넣고 뒤집어 빼 꼬인 모양을 만든다.

5 3에서 남겨둔 분홍색, 초록색 장식용 반죽, 주황색 반죽을 각각 밀대로 얇게 밀어 편 다음 잎과 두 가지 꽃 모양 커터로 찍는다.

6 5에서 찍은 반죽을 꽃 모양이 되도록 조립한 다음 마지팬 스틱으로 가운데를 눌러 입체감을 주고 고정시킨다.

7 튀김용 기름을 130℃까지 가열해 4의 매작과 반죽과 6의 장식용 꽃 모양 반죽을 넣고 튀긴다.

8 다른 냄비에 물엿, 설탕, 생강즙, 소금을 넣고 끓인 뒤 거품이 일면 튀긴 반죽을 거품에 살짝 묻혔다가 건진다.

9 매작과 모양 윗면에 장식용 꽃 모양을 올려 마무리한다.

189

꽃수과

유밀과의 일종인 차수과를 꽃 모양으로 만들어 보았다. 꽃 모양의 차수과는 손 모양을 찍어 만드는 전통적인 방식보다 손이 여러 번 가는 단점이 있긴 하나 상 위에 올리면 그 어떤 한과보다 멋스럽다.

1 중력분에 흰자와 소주를 넣고 보슬보슬해질 때까지 반죽한다.
❋ 반죽에 소금 5g을 넣어 살짝 간을 해도 좋다.

2 네 덩어리로 나누어 하나는 그대로 두고 나머지 세 개에 각각 딸기주스가루, 보리새싹가루, 찐 단호박을 넣어 분홍색, 녹색, 노란색으로 물들인다.

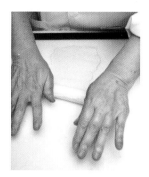

3 각각의 반죽을 밀대로 얇게 밀어 편다.

🌸 재료

중력분 • 1kg
흰자 • 72g
소주 • 2컵
튀김용 기름 • 적당량
꿀 • 적당량

색내기
딸기주스가루 • 1작은술
보리새싹가루 • 1작은술
찐 단호박 • 1작은술

4 녹색 반죽은 진달래꽃 모양 커터로 찍는다.

5 흰색 반죽은 큰 꽃 모양 커터로, 분홍색 반죽은 중간 꽃 모양 커터로, 노란색 반죽은 작은 꽃 모양 커터로 찍는다.

6 4의 녹색 반죽 위에 5의 흰색, 분홍색, 노란색 반죽 순으로 겹쳐 올린다.

7 중심을 마지팬 스틱으로 눌러 입체감을 주고 고정시킨다.

8 튀김용 기름을 130℃로 가열해 7을 넣고 재빨리 튀겨 낸다.

9 그릇에 꿀을 담고 식힌 8을 뒤집어 넣어 윗면에 꿀을 묻힌다.

한과
배과편

배과편

본래 과편은 녹두 녹말을 넣어 만들지만 한천을 사용하면 빠르고 편리하게 과편을 만들 수 있다. 전통 디저트 중 하나인 배과편은 작고 고운 빛깔 때문인지 화려한 디자인의 서양 디저트가 연상된다.

1 냄비에 한천, 물을 넣고 중불로 끓여 한천을 녹인다.

2 배즙, 배정과를 만들고 남은 설탕을 넣고 한소끔 끓인 뒤 식힌다.

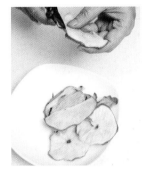

3 말린 배정과를 반으로 자른 뒤 가장자리 껍질 부분을 오려낸다.

🌸 재료

배 • 적당량
설탕 • 2컵
한천(불린 것) • 300g
물 • 3컵
배즙 • 3컵
감정과 • 적당량
메론정과 • 소량

🍲 준비하기

○ 배를 깨끗이 씻어 껍질째 원형으로 얇게 썬 다음 설탕을 적당량 뿌려 수분을 낸 뒤 건져 다시 한 번 설탕을 적당히 뿌리고 수분을 낸 다음 건져 서늘한 곳에서 말린다. 배에서 나온 수분을 배즙으로 사용한다.

4 둥근 꽃잎 모양으로 자른 다음 말아 꽃 모양을 만든다.

5 감정과에 잘게 칼집을 낸 뒤 말아 수술을 만들고 4의 꽃 중앙에 놓는다.

6 반구형 틀에 2를 수저로 떠 조금 넣는다.

7 5의 꽃 모양 정과를 뒤집어 넣고 옆에 작게 자른 메론정과를 넣어 잎을 표현한다.

8 남은 공간에 2를 떠 넣어 채우고 굳힌 뒤 틀에서 뺀다.

한과
원소병

원소병

우리 선조들은 음력 정월 보름날 밤, 달을 보며 원소병을 먹었다고 한다. 더운 날에는 꿀물 한 대접을 타고 새알을 동동 띄운 원소병으로 더위를 쫓아 보자.

1 찹쌀가루에 물을 넣어 뭉쳐질 때까지 반죽한다.

2 반죽을 4등분해 하나는 그대로 두고 나머지 반죽에 각각 딸기가루, 보리새싹가루, 찐 단호박을 넣어 색을 낸다.

3 각 반죽을 가래떡처럼 길쭉하게 늘이고 새알 크기로 일정하게 떼어 내 동그랗게 빚는다.

🌸 재료

찹쌀가루 • 500g
물 • 1½컵
녹말가루 • ½컵

색내기
딸기가루 • 1작은술
보리새싹가루 • 1작은술
찐 단호박 • 1작은술

꿀물
물 • 2컵
꿀 • 1컵

4 끓는 물(분량 외)에 3의 반죽을 넣고 떠오를 때까지 익힌다.

5 익힌 반죽을 건져 찬물(분량 외)에 넣고 식힌다.

6 녹말가루를 깐 그릇에 물기를 턴 5를 올린 뒤 굴려 가며 녹말을 골고루 묻힌다.

7 다시 끓는 물(분량 외)에 넣고 데친다.

8 7을 건져 찬물(분량 외)에 넣어 식힌 다음 한 번 더 데치고 식히기를 반복한다.

9 물에 꿀을 넣고 섞어 꿀물을 만든 뒤 8을 넣어 띄운다.

오미자·보리수단

녹말을 묻혀 데친 햇보리를 오미자차에 띄운 오미자 보리수단은 농사가 잘되기를 기원하는 유월 유두에 만들어 먹던 절식이다. 차게 하여 먹으면 새콤달콤하면서도 시원한 맛이 배가되므로 갈증이 날 때 시원한 주스처럼 마시거나 식후 디저트로 즐기기 좋다.

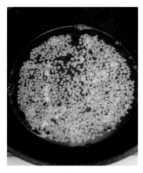

1 냄비에 물(분량 외)을 넣고 끓인 다음 보리를 넣어 삶는다.

2 체에 걸러 바로 찬물에 헹군 다음 물기를 뺀다.

3 보리에 감자전분의 일부를 넣어 버무리고 체에 걸러 여분의 전분을 털어낸다.

🌸 재료

보리 • 1컵
감자전분 • 1컵
오미자청 • 1컵
물 • 적당량
설탕 • 적당량

4 끓는 물(분량 외)에 3을 넣고 데친다.

5 건져 물기를 제거한 보리에 남은 감자전분을 넣어 다시 버무린다.

6 체에 걸러 여분의 전분을 털어 낸다.

7 6을 끓는 물(분량 외)에 한 번 더 데친 다음 건진다.

8 오미자청과 물을 1:2의 비율로 섞는다.

9 입맛에 맞게 설탕을 넣어 녹이고 7의 보리를 띄운다.

파인 · 떡수단

파인 · 떡수단

파인애플의 단내가 입맛을 돋우는 파인 · 떡수단. 수단은 본래 6월 보름 유두절의 절식이지만 여름철에 식혜나 수정과처럼 시원하게 만들어 먹기도 한다. 달달한 국물에 쫄깃한 떡과 얼음을 동동 띄워 스푼으로 떠먹는 그 맛이 별미이다.

1 볼에 얇게 슬라이스한 파인애플 과육을 넣고 설탕 ½컵을 뿌려 수분이 빠져나올 때까지 절인다.

2 1을 2회 반복해 파인애플에서 나온 즙은 따로 계량해 두고 과육은 건져서 채반에 올려 말린다.

3 돌돌 말아 꽃 모양 파인애플 정과를 만든다.

🌸 재료

파인애플 • ½개 분량
설탕 • 1컵
멥쌀가루 • 1kg
물 • 적당량

🍲 준비하기

○ 파인애플은 껍질을 제거한 뒤 일부는 반죽에 넣을 용도로 잘게 다지고 나머지는 모두 파인애플 정과를 만들기 위해 얇게 슬라이스한 다음 다시 반으로 자른다.

4 2의 파인애플즙과 물을 섞어 멥쌀가루에 넣는다.
※ 파인애플즙과 물을 합쳐 2컵을 만들고 파인애플 과육까지 넣은 뒤 상태를 보면서 추가한다.

5 다져 놓은 파인애플 과육을 넣고 뭉쳐질 때까지 반죽한 다음 물방울 모양으로 빚는다.

6 끓는 물(분량 외)에 5를 넣고 삶는다.

7 반죽이 떠오르면 건져서 남은 파인애플즙에 잠시 담가 두었다가 건진다.

8 얼음(분량 외)을 넣은 그릇에 7을 넣은 뒤 남은 파인애플즙을 붓고 3의 파인애플 꽃 모양 정과를 올려 장식한다.

한과
체리과편

체리과편

서양에 젤리가 있다면 우리나라에는 과편이 있다. 각종 과일을 끓인 후 녹말을 풀어 굳힌 과편은 색상이 아름다워 궁중의 연회상차림에 자주 등장했다고 전해진다. 탱글탱글한 모양, 새빨간 빛깔, 새콤달콤한 맛까지 완벽한 체리과편을 소개한다.

1 깨끗하게 씻어 물기를 제거한 체리에 칼집을 넣어 씨를 뺀다.

2 설탕 1컵을 넣고 수분이 나올 때까지 재운 뒤 체리를 건져 다시 설탕 1컵을 넣고 수분이 빠져 나올 때까지 재운다.

3 냄비에 불린 한천, 물을 넣고 한천이 녹을 때까지 가열한다.

🌸 재료

체리 • 500g
설탕 • 2컵
불린 한천 • 100g
물 • 2컵
물엿 • ½컵

🍲 준비하기

○ 한천은 물에 충분히 불린 뒤 건진 것을 계량한다.

4 2에서 체리를 건져 3에 넣고 중불로 끓인다.

5 한 번 끓어오르면 물엿을 넣고 5분 정도 더 끓인다.
❋ 너무 오래 가열하면 색이 변하므로 오래 끓이지 않는다.

6 구형 얼음 틀에 5의 체리 과육과 시럽을 부어 냉장고에서 굳힌다.

7 틀에서 빼고 모양을 정리한 뒤 꼭지를 붙여 체리 모양으로 만든다.

한과
토마토과편

토마토과편

투명한 과편에 비친 새빨간 토마토 정과가 멋스럽다. 과편은 반죽하고 찌는 과정이 없어 번거롭지 않고 시원하게 먹을 수 있어 여름 디저트로 안성맞춤이다. 또한 재료의 모양을 본 떠 만들거나 다양한 틀을 활용해 개성 있게 연출할 수 있다.

1 끓는 물에 토마토를 넣어 살짝 데친 뒤 건지고 바로 찬물에 담갔다 빼 껍질을 벗긴다.

2 4등분한 다음 속을 자르고 파낸다.

3 볼에 2의 토마토를 넣고 설탕(분량 외)을 뿌려 수분이 빠져 나올 때까지 재운다.

재료

토마토 • 5개
한천(불린 것) • 100g
물 • 2컵
설탕 • 1컵
물엿 • 50g

4 3에서 나온 토마토즙 1컵을 계량해 두고 토마토 과육은 채반에 올려 꾸덕꾸덕해질 때까지 말려 정과를 만든다.

5 말린 토마토정과를 말아 꽃 모양으로 만든다.

6 냄비에 한천, 물을 넣고 가열해 한천을 녹이고 설탕을 넣어 졸인다.

7 4의 토마토즙을 넣고 중불로 끓어오를 때까지 가열한 뒤 불에서 내려 물엿을 넣고 섞는다.

8 반구형 틀 가운데에 5에서 만든 꽃 모양 토마토정과를 뒤집어 넣는다.

9 숟가락으로 7을 떠 모양이 흐트러지지 않게 채워 굳힌 다음 틀에서 뺀다.

한과
인삼 꽃정과

인삼 꽃정과

인삼정과는 뿌리 그대로 사용하는 것이 일반적이지만 꽃 모양을 올려 인삼정과를 만들었다. 노란 스프링클을 꽃 중앙에 찍어 만개한 꽃을 표현했다.

1 인삼을 깨끗이 씻고 잔뿌리를 제거한 다음 껍질을 벗겨 얇게 썬다.
❀ 껍질을 벗겨야 설탕과 물엿이 인삼의 안쪽까지 잘 스민다.

2 냄비에 물엿과 설탕을 넣고 저으면서 끓인다.

3 1의 인삼을 넣고 노르스름하게 될 때까지 조린 다음 건진다.
❀ 투명한 정과를 원한다면 인삼을 쪄서 사용한다.

재료

인삼 · 5뿌리
물엿 · 5컵
설탕 · 1컵

색내기
물엿 · 1큰술
천년초가루 · 1큰술

마무리
노란색 스프링클 · 적당량

4 접시에 설탕(분량 외)을 깔고 3을 올려 수분을 뺀다.
❀ 쫄깃한 식감으로 만들 수 있다.

5 4의 절반을 꽃 모양 커터로 찍어 꽃 모양을 낸다.

6 5의 꽃 모양 절반에 물엿(분량 외)을 발라 4의 둥근 모양 인삼정과 위에 겹쳐 올린다.

7 물엿에 천년초가루를 넣고 갠 뒤 남은 꽃 모양에 2~3번 발라 분홍색을 입히고 노란색 스프링클을 올려 장식한다.

더덕정과

더덕을 쪼개어 꿀이나 설탕물에 졸여 만드는 더덕정과. 쌉싸래한 더덕 특유의 풍미와 곳곳에 듬뿍 스민 조청의 단맛, 쫄깃쫄깃한 식감이 입맛을 살려 준다. 연세가 많은 어른들께 대접하기에도 좋은 고급간식으로 추천한다.

1 치즈갈이에 잣을 넣고 갈아 고물을 준비한다.

2 대추를 돌려 깎아 씨를 제거하고 평평하게 밀어 편 뒤 꽃 모양 커터로 찍어 고명을 준비한다.

3 더덕을 씻은 뒤 껍질을 벗기고 손가락 두 마디 정도의 일정한 크기로 자른다.

재료

더덕 • 5개
조청 • 5컵

고물
잣 • 1컵

고명
대추 • 1작은술
호박씨 • 1컵

4 냄비에 물(분량 외)과 3에서 손질한 더덕을 넣고 20분 정도 물러질 때까지 삶는다.

5 다른 냄비에 조청을 넣고 가열한 뒤 4를 넣어 조청이 배어들 때까지 조린다.

6 더덕을 건져 적당히 식힌 뒤 납작하게 눌러 편다.

7 준비해둔 잣가루 위에 더덕을 올리고 바닥에 닿는 면과 윗면에 잣고물을 모양내 묻힌다.

8 2에서 만든 꽃 모양 대추와 호박씨를 올려 장식한다.

율란

주로 찌거나 삶아서 먹는 밤을 좀 더 색다르게 즐기고 싶다면 율란을 추천한다. 밤을 쪄 꿀을 섞은 후 다시 밤 모양으로 빚으면 간단하게 완성. 밤 풍미가 솔솔 풍기고 그냥 먹었을 때보다 훨씬 부드럽고 포근포근하다.

1 냄비에 밤을 넣고 밤이 잠길 정도의 물(분량 외)을 넣어 밤을 삶는다.

2 잘 삶은 밤을 반으로 잘라 숟가락을 사용해 속살을 파낸다.

3 체에 넣고 나무주걱으로 으깨가며 곱게 내린다.

🌾 재료

밤 ⦁ 20개
꿀 ⦁ 1큰술
계핏가루 ⦁ 1큰술

4 체에 내린 밤에 꿀을 넣고 골고루 섞는다.
❀ 꿀을 너무 많이 넣으면 반죽이 질어지므로 주의한다.

5 계핏가루의 일부를 넣고 한 덩어리가 될 때까지 섞는다.

6 적당한 크기로 조금씩 떼어내 밤 모양으로 빚는다.

7 밤 모양 아랫부분에 계핏가루를 살짝 묻혀 한층 더 밤처럼 보이게 만든다.

조
란

조란은 찐득하게 졸인 대추고를 탱탱하게 뭉쳐 만드는 고급 한과이다. 대추의 풍미와
달달함이 농후하고 율란처럼 만들기도 쉬워 다과상에 내기에 제격이지만, 대추가
생각보다 많이 들어가 평상시 간식으로 내기는 쉽지 않다. 명절에 쓰고 남은 대추를
보관해 두었다가 특별한 날 손님상에 활용해 보자.

1 대추가 잘 쪄지도록 대추에
가위집을 낸다.

2 냄비에 1의 대추, 물(분량 외)
을 넣고 대추가 무를 때까지 삶
는다.

3 볼을 받친 체에 붓고 나무주
걱으로 짓이겨 껍질과 씨를 제
거하고 대추살은 내린다.

🌿 재료

대추 • 30개
꿀 • 1큰술
잣 • 1큰술

4 냄비에 체에 내린 대추살과 물
을 넣고 약불로 꾸덕해질 때까지
졸여 대추고를 만든다.

5 꿀을 넣고 뭉쳐질 정도까지
졸인 뒤 식힌다.

6 조금씩 떼어 내 대추 모양으
로 빚는다.

7 윗부분에 마지팬 스틱 등으로
홈을 만든 뒤 잣을 꽂아 꼭지를
만든다.

한과
꽃
깨강정

꽃 깨강정

고소하고 달달한 겨울철 별미 깨강정에 꽃 장식을 곁들여 디테일을 한껏 살려 보았다. 만드는 방법이 쉽고 간편하므로 웃어른께 드리는 연말 선물로 준비해 보자. 아이들의 기념일 상차림에 내는 것도 좋다

1 물엿A를 5등분해 하나는 그 대로 두고 천년초가루, 딸기주 스가루, 쑥가루, 계핏가루를 각 각 넣고 섞어 색을 낸다.

2 1의 각 물엿에 찐 콩가루 3큰 술씩을 넣어 뭉쳐질 때까지 섞 는다.

3 색을 낸 각각의 콩가루 반죽 을 주물러 한 덩어리로 만든 다 음 밀대로 얇게 밀어 편다.

🌾 재료

꽃 장식
물엿A • 5큰술
천년초가루 • 1큰술
딸기주스가루 • 1큰술
쑥가루 • 1큰술
계핏가루 • 1큰술
찐 콩가루 • 15큰술

강정
물엿B • ¾컵
설탕 • 1큰술
볶은 검은깨 • 3컵

4 각각의 반죽을 꽃과 잎 모양 커터로 찍어 낸다.

5 냄비에 물엿B를 넣고 끓인 다음 설탕을 넣어 녹이고 불을 끈다.

6 볶은 검은깨를 넣고 나무주걱 으로 섞는다.

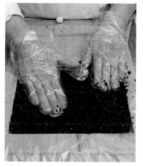

7 비닐을 깐 강정 틀에 채워 넣 고 밀대로 평평하게 밀어 편 다 음 틀에서 빼 먹기 좋은 크기로 자른다.

8 윗면에 4의 꽃 모양, 잎 모양 장식을 올린다.

9 꽃 모양 가운데를 마지팬 스 틱으로 눌러 구멍을 내고 입체 감을 준다.
❋ 동일한 방법과 분량으로 흰깨 강정도 만든다.

한과
땅콩강정

땅콩강정

자석의 N극과 S극처럼 붙어 다니는 '땅콩과 오징어'. 여기서 아이디어를 얻은 땅콩강정은 고소한 땅콩과 오징어의 씹는 맛이 잘 어우러져 색다른 맛을 선사한다. 땅콩강정 위에 오징어로 만든 장미꽃을 포인트로 올려 우아하다.

1 반건조 오징어의 몸통을 적당한 크기로 자른다.

2 1cm 간격으로 칼집을 내고 칼집 낸 부분의 귀퉁이 양끝을 둥글게 자른다.

3 오징어 다리를 1의 크기에 맞게 자르고 가위로 칼집을 넣어 꽃술을 만든 뒤 2의 한 쪽 끝에 올린다.

 재료

물엿 • 1컵
설탕 • 1큰술
다진 볶은 땅콩 • 5컵

고명
반건조 오징어 • 1마리
땅콩 반태 • 1컵

준비하기

○ 강정을 만들 볶은 땅콩은 잘게 다져 계량하고 고명으로 사용할 땅콩은 반으로 가른다.

4 그대로 돌돌 말고 꽃잎 부분을 매만져 활짝 핀 장미꽃 모양을 만들고 이쑤시개를 꽂아 하루 정도 고정해 둔다.

5 팬에 물엿, 설탕을 넣고 설탕이 녹으면 불을 끈 뒤 다진 볶은 땅콩을 넣고 버무린다.

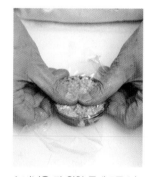

6 비닐을 깐 원형 틀에 5를 넣고 눌러 채워 모양을 만든다.

7 틀과 비닐을 제거한 다음 고명용 땅콩 반태를 가운데를 비우고 동그랗게 둘러 올린다.

8 비워둔 가운데에 살짝 홈을 낸 다음 이쑤시개를 제거한 4의 장미꽃 모양 오징어를 올린다.

빙
사
과

빙사과는 만들 때 손이 여러 번 가는 한과이지만 제조방법이 복잡한 만큼 만든 이의 정성이 느껴지는 음식이다.

1 찹쌀가루에 흰콩을 불렸던 물 1컵과 소주를 넣고 손으로 비벼 고루 섞은 뒤 시루밑을 깐 시루에 넣고 김이 오른 찜통에 올려 30분 정도 찐다.

2 찐 반죽을 볼에 넣고 방망이로 치댄 뒤 절반에 딸기가루를 넣고 반죽해 분홍색을 낸다.

3 2의 두 가지 반죽에 밀가루(분량 외)를 묻혀 얇게 편 뒤 잘게 잘라 실온에서 수분함량이 20% 내외가 될 때까지 하루 정도 말린다.

재료

찹쌀가루(삭힌 것) • 1kg
흰콩 • 80개
소주 • 3큰술
튀김용 기름 • 적당량
물엿 • 1kg
마시멜로 • 적당량

색내기
딸기가루 • 적당량

준비하기

○ 찹쌀을 깨끗이 씻은 뒤 골마지가 생길 때까지 일주일 이상 물에 불려 삭힌다. 삭은 찹쌀을 깨끗이 씻어 건진 뒤 가루를 내 찹쌀가루를 만든다.
○ 흰콩은 물에 불려 두고 흰콩을 불렸던 물을 반죽에 사용한다. 불린 물 대신 흰콩을 물과 함께 갈아 사용해도 된다.

4 냄비에 3을 각각 넣고 자작하게 잠길 정도의 튀김용 기름을 넣은 뒤 기름을 따라내 겉에 묻은 밀가루를 제거한다.

5 다른 냄비에 튀김용 기름을 넣고 가열한 뒤 4에 130℃, 160℃, 180℃로 가열한 기름을 차례로 붓고 골고루 굴리며 튀긴다.

6 키친타월에 올려 여분의 기름을 제거한다.

7 팬에 물엿, 마시멜로를 넣고 녹인 다음 6을 넣어 버무린다.

8 강정틀에 넣고 밀대로 밀어 펴 평평하게 채워 굳힌 다음 틀에서 빼 먹기 좋은 크기로 자른다.

대추초

대추초는 푹 찐 대추를 꿀에 조린 것을 말한다. 보통 여기에 계핏가루를 뿌리고 잣을 넣어 고소하게 만들지만 이번에는 인삼을 사용했다. 얇게 썰어 꽃 모양을 낸 인삼은 씹을 때마다 향이 번지고 데커레이션 효과도 톡톡히 한다.

1 씨 제거기로 대추의 씨를 제거한다.

2 칼로 긁어 인삼 뿌리의 껍질을 벗긴다.

3 인삼의 끝부분을 연필깎이로 연필을 깎듯이 돌려 얇게 깎은 다음 돌돌 말아 꽃을 만든다.

🌼 재료

대추 • 20개
인삼 뿌리(큰 것) • 2개
물엿 • 5컵
설탕 • 1컵

🌸 도움말

○ 인삼은 얇게 깎을수록 예쁜 꽃을 완성할 수 있다. 돌려 깎기가 힘들다면 얇게 슬라이스해 시럽에 절인 후 이어 붙여도 된다. 하지만 시럽에 너무 오래 절이면 질겨질 수 있어 주의해야 한다. 또 시럽에 오미자 시럽 등을 섞으면 색을 입힐 수도 있다.

4 냄비에 물(분량 외)을 넣고 끓인 다음 씨를 뺀 대추를 넣고 부드러워질 때까지 삶는다.

5 다른 냄비에 물엿, 설탕을 넣고 끓여 시럽을 만든다.

6 시럽을 볼에 ⅓ 정도 덜어 두고 남은 시럽에 삶은 대추와 대추 삶은 물을 조금 넣어 대추가 투명해질 때가지 조린다.

7 6에서 덜어둔 시럽에 3에서 만든 인삼꽃을 넣고 시럽이 밸 때까지 30분 정도 절인다.

8 6의 대추와 7의 인삼꽃을 건진 다음 채반에 올려 여분의 시럽을 뺀다.

9 대추씨를 뺀 한 쪽 구멍에 인삼꽃을 꽂는다.

들깨강정

강정은 공정이 간단하면서 그 자체만으로 고급스러운 느낌이 있어 남녀노소 누구에게나 사랑받는 한과이다. 들깨강정에 인삼과 대추, 감태를 곁들여 맛과 향을 한층 풍부하게 만들었다.

1 인삼 뿌리의 껍질을 벗기고 가늘게 채 썬다.

2 냄비에 물엿, 설탕을 넣고 나무주걱으로 저어 가며 설탕이 녹을 때까지 끓인다.
❀ 여름에는 습기가 많으므로 설탕의 양을 2배로 늘린다. 물엿 대신 인삼 시럽을 사용해도 좋다.

3 들깨를 넣고 나무주걱으로 저어가며 섞는다.

🌸 재료

인삼 뿌리(작은 것) • 4~5개
물엿 • ¾컵
설탕 • 1스푼
들깨 • 3컵
대추 • 적당량
감태(말린 것) • 적당량

🍲 준비하기

○ 대추는 돌려 깎아 씨를 제거하고 채를 썬다.
○ 강정 틀에 비닐을 깔고 비닐에 참기름(분량 외)을 얇게 바른다.

4 준비해 둔 강정 틀에 3을 붓고 펼쳐 틀에 채운 뒤 윗면을 평평하게 고른다.

5 윗면에 채 썬 대추, 1에서 준비한 채 썬 인삼, 감태를 골고루 뿌린다.

6 비닐을 덮은 뒤 밀대로 밀어 윗면을 평평하게 하고 굳힌 다음 뒤집는다.

7 틀을 제거하고 다시 뒤집은 다음 윗면의 비닐을 벗겨 적당한 크기로 자른다.

한과
녹미강정

흑미강정

강정은 가정에서도 쉽게 만들 수 있을 뿐 아니라 보관이 용이해 선물하기 좋은 아이템이다. 깨 대신 흑미를 사용하고 견과류를 함께 버무려 식감을 한층 배가시켰다.

1 호박씨 일부를 남겨두고 볼에 나머지 호박씨, 피칸을 각각 넣어 커터를 사용해 잘게 다진다.

2 팬에 흑미를 넣고 중불에서 나무주걱으로 골고루 저으며 약 3분 정도 팝콘처럼 부풀어 오를 때까지 볶는다.

3 다른 팬에 물엿과 설탕을 넣고 설탕이 녹을 때까지 끓인다.

재료

호박씨 • 적당량
피칸 • 적당량
흑미 • 3컵
물엿 • ¾컵
설탕 • 1큰술
전지분유 • 1큰술

도움말

○ 일반적으로 입자가 고운 재료를 사용해 강정을 만들수록 물엿이 많이 필요하다. 이번에는 팝콘처럼 부푼 흑미를 사용했기 때문에 물엿의 양을 평소보다 적게 넣었다.

4 3의 시럽에 볶은 흑미를 넣고 나무주걱으로 섞는다.

5 4에 전지분유를 넣고 섞는다.
❀ 전지분유를 넣으면 강정의 식감이 부드럽고 촉촉해진다. 만약 전지분유가 없으면 생략해도 된다.

6 강정 틀 위에 비닐을 깔고 1에서 다진 호박씨와 피칸을 골고루 뿌린다.

7 6 위에 5를 넣고 밀대를 사용해 평평하게 밀어 펴며 채운다.

8 뒤집어 틀에서 뺀 뒤 원형 틀로 찍는다.

9 윗면에 호박씨를 3개씩 올려 장식한다.

한과
우늬 깨강정

무늬 깨강정

깨강정은 고소한 맛으로 누구에게나 인기 만점인 최고의 절식이다. 명절 선물 세트로는 물론, 유과나 약과에 비해 만들기도 쉬우므로 명절날 온 가족이 함께 모여 만들어 보자.

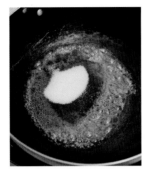

1 팬에 ½분량의 물엿과 설탕을 넣고 가열하다가 설탕이 녹으면 불을 끈다.

2 볶은 실깨를 넣고 나무주걱으로 섞는다.

3 비닐을 깐 강정 틀에 2를 골고루 펴 넣고 밀대로 평평하게 민다.

🌸 재료

물엿 • 1½컵
설탕 • 2큰술
볶은 실깨 • 2컵
볶은 검은깨 • 2컵

4 다른 팬에 남은 물엿과 설탕을 넣고 가열하다가 설탕이 녹으면 불을 끄고 볶은 검은깨를 넣어 나무주걱으로 섞는다.

5 다른 강정 틀에 비닐을 깐 다음 4를 골고루 펴 넣고 밀대로 평평하게 민다.

6 틀에서 뺀 3의 실깨 강정과 5의 검은깨 강정을 각각 반으로 자른다.

7 실깨 강정 위에 검은깨 강정을 올리고 2~3바퀴 정도 말아 바깥부터 실깨, 검은깨, 실깨, 검은깨 순서로 보이도록 만든 뒤 길게 십(十)자로 4등분해 겉 조각 4개를 만든다. 남은 실깨 강정 위에 검은깨 강정을 올리고 한 바퀴 말아 가운데 들어갈 심지 부분을 만든 뒤 4개의 겉 조각을 둘러 붙이고 감싸 정사각형 모양으로 만든 다음 일정한 폭으로 자른다.

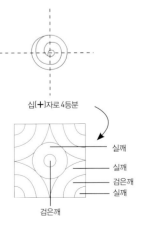

십(十)자로 4등분

실깨
실깨
검은깨
실깨

검은깨

산자

산자는 명절이 아니면 먹을 일이 드문 한과여서인지 바삭바삭하면서도 녹진한 단맛이 더욱 특별하게 느껴진다. 기름진 명절 음식을 먹고 느끼해진 속을 산자와 식혜 한 그릇으로 달달하게 달래 보는 건 어떨까.

1 준비한 찹쌀가루에 콩물, 소주를 넣고 손으로 비벼 고루 섞는다.

2 시루밑을 깐 찜기에 1을 적당한 크기로 넣고 김이 오른 찜통에 올려 30분 정도 찐 다음 방망이로 부드러워질 때까지 치댄다.

3 녹말가루를 깐 쟁반 위에 2의 반죽을 얇게 펴 따뜻한 곳에서 하루 정도 꾸덕하게 굳힌다.

재료

찹쌀가루(삭힌 것) • 1kg
콩물 • 1컵
소주 • 3큰술
녹말가루 • 적당량
튀김용 기름 • 적당량

시럽
물 • ½컵
생강가루 • 1큰술
물엿 • 3컵
설탕 • 100g

고명
래디시정과 • 적당량

고물
세반 • 1kg

- - - - - - - - - - - - - - -

준비하기

○ 찹쌀을 깨끗이 씻은 뒤 골마지가 생길 때까지 일주일 이상 물에 불려 삭힌다. 삭은 찹쌀을 깨끗이 씻어 건진 뒤 가루 내 찹쌀가루를 만든다.
○ 물에 생강가루를 넣어 푼 다음 냄비에 물엿, 설탕과 함께 넣고 끓여 시럽을 만들고 30℃까지 식혀 둔다.

4 녹말가루를 털어내고 가위를 사용해 4cm 정사각형으로 자른다.

5 다시 실온에서 하루 정도 말린다.

6 상온의 튀김용 기름에 5를 잠시 담가 놓았다가 180℃로 가열한 기름에 넣고 젓가락으로 휘지 않게 모양을 잡으며 튀긴다.

7 여분의 기름을 빼고 식힌 6을 준비해 둔 시럽에 담갔다가 빼 세반 위에 올리고 윗면을 래디시정과로 장식한다.

8 겉면에 세반을 골고루 묻히고 부서지지 않도록 주의하며 손으로 눌러 붙인다.

한과
유과

유과

찹쌀 반죽이나 고물에 갖가지 색을 물들여 더욱 아름다운 유과는 그 때문인지 예로부터 잔칫상에 꼭 등장했다. 세반을 묻히거나 파래가루, 검은깨, 들깨 등을 고물로 쓰기도 한다.

1 준비한 찹쌀가루에 콩물, 소금, 소주를 넣고 손으로 비벼 고루 섞은 뒤 시루밑을 깐 시루에 안치고 김이 오른 찜통에 올려 30분 정도 찐다.

2 볼에 찐 반죽을 넣고 방망이로 부드러워질 때까지 친다.

3 넓은 쟁반에 녹말가루를 깔고 2의 반죽을 올려 녹말가루를 묻혀 가며 두께 1㎝로 밀어 편다.

재료

찹쌀가루(삭힌 것) • 1㎏
백태(불린 것) • 80개
소금 • 5g
소주 • 3큰술
녹말가루 • 2컵
튀김용 기름 • 적당량

시럽
물엿 • 5컵
물 • 1컵
유자청 • 1큰술

색내기
딸기가루 • 1큰술
보리새싹가루 • 1큰술

고물
세반 • 적당량

4 3을 3×1×1㎝ 스틱 모양으로 자르거나 굴려 지름 1㎝ 원통형으로 늘인 다음 3㎝ 길이로 자르고 이틀 정도 말린다.

5 4를 튀김용 기름에 담가 겉면의 녹말가루를 털어 내고 기름을 입힌다.

6 냄비에 5에서 건진 반죽을 넣고 180℃까지 가열한 튀김용 기름을 반죽에 국자로 조금씩 부어 굴리며 튀긴다.

준비하기

○ 찹쌀을 깨끗이 씻은 뒤 골마지가 생길 때까지 일주일 이상 물에 불려 삭힌다. 삭은 찹쌀을 깨끗이 씻어 건진 뒤 가루를 내 찹쌀가루를 만든다.
○ 믹서에 물에 충분히 불린 백태를 넣고 갈아 콩물 1컵을 준비한다.
○ 냄비에 물엿, 물, 유자청을 넣은 다음 끓이고 식혀 시럽을 만든다.

7 반죽이 어느 정도 부풀어 오르면 180℃의 튀김용 기름으로 옮겨 조금 더 튀기며 부풀리고 건진 뒤 기름을 제거하고 식힌다.

8 볼에 시럽을 조금씩 덜어 각각 딸기가루, 보리새싹가루를 넣고 섞어 색을 낸다.

9 7에 8의 분홍색, 연두색 시럽을 발라 그라데이션으로 색을 낸 다음 세반에 넣어 굴린다.

채소과

채소과는 기름에 튀겨 만드는 유밀과의 일종으로 자색고구마를 사용해 은은한 연보라색 채소과를 만들었다. 튀긴 후에도 고운 색을 유지하려면 마무리 과정에서 연한색의 꿀 또는 물엿을 사용하는 것이 좋다.

1 중력분에 찐 자색고구마를 으깨어 넣는다.

2 소주, 흰자, 소금을 넣고 한 덩어리가 될 때까지 반죽한 다음 1시간 정도 숙성시킨다.

3 밀대로 반죽을 얇고 길게 밀어 편다.

🌾 재료

중력분 • 1kg
찐 자색고구마 • 110g
소주 • 2컵
흰자 • 50g
소금 • 적당량
튀김용 기름 • 적당량
꿀 • 적당량

🍲 준비하기

○ 자색고구마는 찐 뒤 껍질을 벗겨 계량한다.

4 제면기에 3의 반죽을 넣고 가늘고 긴 면 모양으로 뽑는다.

5 세 손가락에 4에서 뽑은 면 모양 반죽 2~3가닥을 실타래 감듯 감는다.

6 손가락에서 빼 가운데 부분을 남은 한 가닥으로 감아 오므려 리본 모양으로 만든다.

7 튀김용 기름을 100℃까지 가열한 뒤 6을 모양 잡아 넣고 튀긴 다음 식혀 겉면에 꿀을 바른다.

한과
감자부각

감자부각

튀기는 음식이 많지 않은 우리나라에서 예로부터 별식으로 즐겼던 부각. 특히 육식이 제한된 절에서 주로 만들어 먹었다고 한다. 일반 튀김과 다른 점이 있다면 부각은 채소나 해초를 바짝 말린 후 튀긴다는 점이다. 김, 다시마 외에 호박, 당근 등 다양한 재료를 활용할 수 있다.

🌸 **재료**

감자 • 4개
생강 • 1개
소금 • 적당량
튀김용 기름 • 적당량
허니파우더 • ⅓컵
생강가루 • 1작은술

1 슬라이서를 사용해 감자를 껍질째 얇게 슬라이스한다.

2 볼에 물(분량 외)을 넉넉히 넣은 다음 1의 감자를 담가 녹말을 제거한다.

3 생강은 껍질을 벗기고 얇게 저민다.

4 냄비에 물(분량 외)을 넣고 끓인 다음 생강, 소금을 넣고 생강 향이 우러나도록 끓인다.

5 4의 끓는 물에 2에서 녹말을 제거해 둔 감자를 넣고 살짝 데친다.

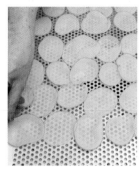

6 건진 감자를 채반에 한 장씩 펼쳐 놓고 말린다.

7 다른 냄비에 튀김용 기름을 넣고 180℃까지 달군 다음 6의 말린 감자를 넣고 빠르게 튀긴다.

8 건져 식힌 감자에 허니파우더와 생강가루를 뿌려 버무린다.

한과
연근부각

연근부각

연근 자체의 쫀득한 식감이 살아 있고 튀기는 시간이 짧아 기름기가 적은 부각이다. 떡에 색을 내듯 연근에도 고운 색을 내면 더욱 먹음직스러운 부각이 완성된다.

🌸 **재료**

연근 · 500g
설탕 · 1컵
튀김용 기름 · 적당량

색내기
포도주스가루 · 1작은술
딸기주스가루 · 1작은술

1 감자칼로 연근 껍질을 벗긴다.
❀ 연근은 흙이 많이 묻어 있지 않은 윗부분을 사용한다.

2 슬라이서를 사용해 연근을 2mm 두께로 썬다.

3 볼에 물(분량 외)을 넣고 2의 연근을 담가 물을 2~3회 갈아가며 녹말을 뺀다.

4 끓인 물(분량 외)에 3의 연근을 넣고 데친 다음 찬물(분량 외)에 담가 식힌다.

5 볼에 4에서 건진 연근, 설탕을 넣고 버무려 수분을 뺀다.

6 5를 3등분해 ⅓은 그냥 두고 나머지에는 포도주스가루, 딸기주스가루를 각각 넣어 물들인다.

7 채반에 올려 말린다.

8 튀김용 기름을 180℃까지 가열해 말린 연근을 조금씩 넣어 재빨리 튀겨 낸다.

9 키친타월에 올려 기름기를 제거한다.

깨강정

노화방지에 효과가 있어 옛날부터 불로장생의 묘약으로 불리기도 했다는 깨. 대추와
파래로 자연스럽게 모양을 내서 마치 한 폭의 동양화를 연상케 하는 깨강정이다.
만드는 방법도 간단해 명절날 가족과 함께 간편하게 만들어 먹기에 좋다.

1 대추를 돌려 깎아 씨를 제거
하고 펴 얇게 채 썬다.

2 비닐을 깐 강정 틀에 채 썬 대
추를 흩뿌리고 파래를 조금씩
뜯어 골고루 뿌린다.

3 팬에 물엿, 설탕을 넣고 설탕
이 녹으면 불을 끈다.

🌾 재료

물엿 • ¾컵
설탕 • 1큰술
깨(볶은 것) • 3컵

고명
대추 • 10개
파래(말린 것) • 1장

4 깨를 넣고 나무주걱으로 골고
루 버무린다.

5 2 위에 모양이 흐트러지지 않
도록 4를 펼쳐 넣는다.

6 다시 한 번 윗면에 남은 대추
채와 파래를 뿌리고 밀대로 평
평하게 밀어 편다.

7 틀을 제거하고 먹기 좋은 크
기로 자른다.

다식

다식은 만들기도 쉽지만 모양이 예뻐 손님 접대용으로 내놓기에 안성맞춤이다. 또한 다식판의 문양에 따라 다채로운 모양도 낼 수 있다.

1 검은깨가루에 물엿 1큰술을 넣는다.

2 손으로 뭉쳐질 때까지 골고루 섞는다.

3 찐 콩가루에 물엿 1큰술을 넣는다.

🌼 재료

검은깨가루 • 3큰술
물엿 • 2큰술
찐 콩가루 • 3큰술

🍲 준비하기

o 다식판에 다식이 잘
떨어지도록 면봉 등으로
식용유(분량 외)와 섞은 밀랍
(분량 외)을 얇게 바른다.
밀랍이 없을 경우 식용유만
사용해도 괜찮다.

4 손으로 뭉쳐질 때까지 골고루 섞는다.

5 문양이 있는 다식판의 문양 부분 홈에 4의 콩가루 반죽을 꼼꼼히 채워 넣는다.

6 윗 판을 올린 뒤 구멍에 2의 검은깨 반죽을 채워 넣는다.

7 손끝으로 꾹 눌러 틀에서 빼낸다.

모
약
과

모약과는 밀가루에 즙청시럽을 넣고 반죽해 튀긴 찐득한 식감의 전통 과자이다.
어르신 다과상에 올리는 약과라면 전통 문양을, 아이들 간식 상에 올리는 약과라면
캐릭터 문양을 찍어 보자.

1 중력분에 식용유를 넣고 손으로 비벼 고루 섞은 뒤 체에 내린다.

2 즙청시럽 1컵을 넣고 한 덩어리가 될 때까지 반죽한 다음 30분 정도 휴지시킨다.

3 휴지시킨 반죽을 밀대를 사용해 두께 1cm로 밀어 편다.

🌾 재료

중력분 • 1kg
식용유 • ¾컵
튀김용 기름 • 적당량

즙청시럽
물 • 1컵
생강가루 • 2큰술
물엿 • 2kg
소금 • 5g
계핏가루 • 1큰술

🍲 준비하기

○ 물에 생강가루를 넣고 섞은 뒤 물엿에 넣고 소금, 계핏가루를 넣어 끓인 다음 식혀 즙청 시럽을 만든다.

4 떡살을 사용해 일정한 간격으로 문양을 찍는다.

5 문양이 중앙에 오도록 사각형으로 자른다.

6 팬에 튀김용 기름을 넣고 가열해 80℃가 되면 5의 반죽을 넣고 100℃까지 끓인다.

7 반죽이 떠오르면 130℃까지 끓여 전제적으로 연한 갈색빛이 돌 때까지 튀긴다.

8 기름을 충분히 털어 내고 바로 차가운 즙청 시럽에 담갔다 뺀다.

트리약과

약과에 색을 가미하고 잣가루를 뿌려 소복하게 눈이 쌓인 트리를 표현했다. 만드는 재미가 있어 크리스마스에 아이들과 함께 만들어 봐도 좋겠다.

1 중력분에 식용유를 넣고 손으로 비벼 고루 섞은 뒤 체에 내린다.

2 볼에 노른자, 소주, 소금, 즙청 시럽 1컵을 넣고 섞는다.

3 1에 2를 넣어 골고루 섞고 부슬부슬한 정도로 반죽한 뒤 1시간 정도 휴지시킨다.
❋ 반죽을 너무 많이 치대면 식감이 딱딱해지므로 주의한다.

4 휴지시킨 반죽을 두께 1㎝로 밀어 펴고 트리 모양 틀로 찍어 낸다.

5 튀길 때 속까지 고루 익을 수 있게 포크로 표면에 구멍을 뚫는다.

6 80℃의 기름에 5를 넣고 계속 가열해 온도가 100℃가 되고 반죽이 떠오르면 130℃까지 더 가열한다.

7 연한 갈색빛이 돌 때까지 뒤집어 가며 튀긴 뒤 건져 기름을 털어 낸다.

8 건진 약과는 바로 차가운 즙청시럽에 담갔다가 빼 체에 올려 여분의 시럽을 떨어뜨린다.

9 고명용 대추를 올리고 파슬리 가루, 잣가루를 뿌린다.

🌾 재료

중력분 · 1㎏
식용유 · ¾컵
노른자 · 3개
소주 · 1컵
소금 · 5g
튀김용 기름 · 적당량

즙청시럽
물엿 · 2㎏
물 · 2컵
소금 · 5g
계핏가루 · 1큰술
생강가루 · 2큰술

고명
대추 · 적당량
파슬리가루 · 적당량
잣가루 · 적당량

🍲 준비하기

○ 물엿에 물, 소금, 계핏가루, 생강가루를 넣고 끓기 시작하면 불에서 내려 식힌다.
○ 대추는 돌려 깎아 씨를 제거하고 밀대로 밀어 펴 꽃 모양 틀로 찍는다.
○ 잣은 치즈갈이에 넣어 갈아 잣가루를 만든다.

정과

과일 또는 식물의 뿌리나 줄기를 설탕 등에 절여 만드는 정과는
삼투압 현상을 활용해 재료의 수분을 뺀 뒤 건조시켜 만들기 때문에
저장성이 높고 맛은 쫄깃하면서 달콤하다.
또한 다양하게 모양을 내기 좋아 제품에 멋을 더할 장식으로도 많이 활용한다.

정과 동아로 만든 목련

재료 동아, 설탕, 물엿, 자색무정과, 쑥가루, 무정과

1 동아의 껍질을 벗기고 채칼로 얇게 썰어 설탕에 절인 다음 수분을 뺀다.

2 물엿으로 버무린 동아를 건조망에 놓고 하룻밤 정도 건조시킨다.
※ 물엿을 넣어야 정과가 서로 잘 붙는다.

3 자색무정과에 잘게 가위집을 넣는다.

4 돌돌 말아 꽃술을 만든다.

5 꽃술 주위로 2의 동아를 꽃잎 모양으로 잘라 둘러 준다.

6 말린 후 쑥가루로 물들인 무정과로 꽃받침을 만든다.

정과 도라지로 만든 무궁화

재료 도라지, 물엿, 설탕, 호박정과, 백년초가루

1 도라지를 깊게 돌려 깎는다.

2 물엿과 설탕을 5:1의 비율로 넣고 끓인다.

3 볼에 2를 부어 도라지를 잠길 정도로 푹 담갔다가 건조망에 올려 하룻밤 정도 건조시킨다.

4 호박정과에 잘게 가위집을 넣고 돌돌 말아 꽃술을 만든다.

5 도라지 꽃잎에 붓으로 백년초가루를 발라 붉은 물을 들인다.

6 꽃술에 도라지 꽃잎을 둘러 준다.

점과 더덕으로 만든 사임당

재료 더덕, 물엿, 설탕, 호박정과, 백년초가루

1 더덕을 깊게 돌려 깎는다.

2 물엿과 설탕을 5:1의 비율로 넣고 끓인 후 볼에 붓고 더덕을 담근다.

3 건조망에 놓고 하룻밤 정도 건조시킨다.

4 호박정과에 잘게 가위 집을 넣고 돌돌 말아 꽃술을 만든다.

5 더덕 꽃잎에 붓으로 백년초가루를 발라 붉은 물을 들인다.

6 꽃술에 더덕 꽃잎을 둘러 준다.
❋ 꽃술이 무궁화는 길고 사임당은 짧다.

점과 당근으로 만든 나리

재료 당근, 설탕, 자색무정과, 물엿, 계핏가루

1 당근을 채칼로 얇게 썰어 설탕에 절인 다음 수분을 빼고 물엿을 넣는다.

2 건조망에 놓고 하룻밤 정도 건조시킨다.

3 깊게 가위집을 넣어 꽃술을 만든다.

4 자색무정과의 가장자리 껍질을 잘라 낸다.

5 4를 3의 꽃술 끝에 붙이고 만다.

6 다른 당근정과에 물엿에 갠 계핏가루로 점을 찍은 뒤 꽃술 주위에 둘러 준다.

사과로 만든 장미

재료 사과(홍옥), 설탕, 물엿

1 사과의 심을 도려낸다.

2 채칼로 얇게 썰어 설탕에 절인 다음 수분을 빼고 물엿을 넣는다.

3 건조망에 놓고 하룻밤 정도 건조시킨다.

4 가장자리의 껍질을 적당히 도려낸다.

5 돌돌 말아 심을 만든다.

6 심 주위에 남은 사과정과를 겹겹이 둘러싼다.

무로 만든 매화

재료 무, 설탕, 물엿, 딸기가루, 호박정과

1 무의 껍질을 벗기고 채칼로 얇게 썬다.

2 꽃 모양 틀로 찍어 설탕에 절인 다음 수분을 빼고 물엿을 넣는다.

3 건조망에 놓고 하룻밤 정도 건조시킨다.

4 붓에 딸기가루를 묻혀 3의 꽃잎에 칠하고 손으로 문질러서 전체적으로 물들인다.

5 호박정과에 잘게 가위집을 넣고 돌돌 말아 꽃술을 만든다.

6 꽃술 주위로 4의 꽃잎을 둘러 준다.

정과 토마토로 만든 장미

재료 토마토, 설탕, 물엿, 쑥가루, 무정과

1 토마토의 꼭지 부분을 도려 내고 끓는 물에 넣어 10초 정도 데친 후 껍질을 벗긴다.

2 6조각으로 자른 뒤 속을 파내고 설탕에 절여 수분을 뺀 다음 물엿을 넣는다.

3 건조망에 놓고 하룻밤 정도 건조시킨다.

4 가위집을 넣은 후 돌돌 말아 심을 만든다.

5 심 주위로 남은 토마토정과를 겹겹이 둘러 싼다.

6 말린 후 쑥가루로 물들인 무정과로 꽃받침을 만든다.

정과 래디시로 만든 매화

재료 래디시, 설탕, 물엿, 호박정과

1 래디시를 채칼로 얇게 썰어 설탕에 절인 다음 수분을 빼고 물엿을 넣는다.

2 건조망에 놓고 하룻밤 정도 건조시킨다.

3 호박정과에 잘게 가위집을 넣는다.

4 돌돌 말아 꽃술을 만든다.

5 꽃술 주위로 2의 래디시정과를 꽃잎 모양으로 둘러 준다.

정과 콜라비로 만든 장미

재료 콜라비, 설탕, 물엿

1 반으로 자른 콜라비를 채칼로 얇게 썬다.

2 설탕에 절인다.

3 수분을 제거하고 물엿을 넣는다.

4 건조망에 놓고 하룻 밤 정도 건조시킨다.

5 돌돌 말아 심을 만 들고 심 주위로 꽃잎 을 겹겹이 둘러 싼다.

정과 파인애플로 만든 국화

재료 파인애플, 설탕, 물엿

1 파인애플을 잘라서 심 을 도려낸다.

2 파인애플의 껍질을 벗 기고 채칼로 얇게 썬다.

3 틀로 찍어서 꽃모양 을 만든다.

4 설탕에 절인 다음 수 분을 빼고 물엿을 넣어 건조망에 놓고 하룻밤 정도 건조시킨다.

5 반으로 자른 정과에 잘게 가위집을 넣고 돌 돌 말아 꽃술을 만든다.

6 꽃술 주위로 남은 파 인애플정과를 꽃잎 모 양으로 둘러 준다.

멜론으로 만든 꽃

재료 멜론, 설탕, 물엿, 사과정과

1 멜론의 껍질을 벗기고 채칼로 얇게 썰어 설탕에 절인 다음 수분을 빼고 물엿을 넣는다.

2 건조망에 놓고 하룻밤 정도 건조시킨다.

3 사과정과에 잘게 가위집을 넣고 돌돌 말아 꽃술을 만든다.

4 멜론을 반으로 접어 한쪽을 둥글게 자른다.

5 꽃잎 모양을 완성한다.

6 꽃술 주위로 5의 꽃잎을 둘러 준다.

 호박으로 만든 달맞이꽃

재료 늙은 호박, 설탕, 물엿

1 늙은 호박의 껍질을 벗기고 채칼로 얇게 썬다.

2 설탕에 절여 수분을 빼고 물엿을 넣는다.

3 건조망에 놓고 하룻밤 정도 건조시킨다.

4 잘게 가위집을 넣는다.

5 돌돌 말아 꽃술을 만든다.

6 꽃술 주위로 꽃잎 모양으로 자른 호박 정과를 둘러 준다.

251

떡과 함께 지내 온 시간

• 아이디어 노트

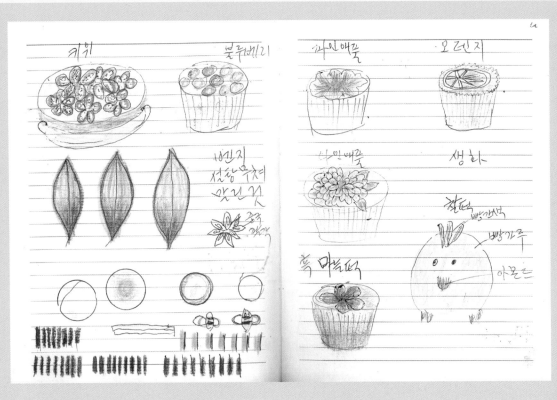

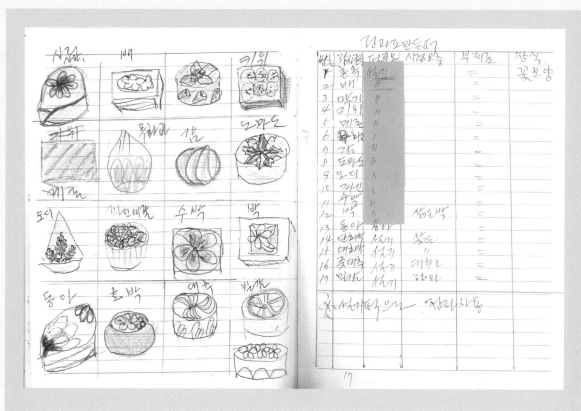

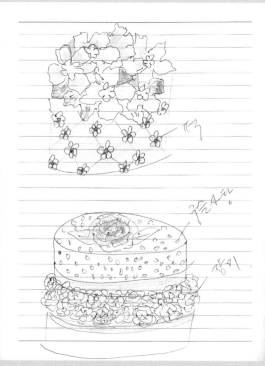

떡 디자인 名人 최순자 선생의

고운 **떡**
정 담은 **한과**

저　자 ｜ 최순자
발행인 ｜ 장상원
편집인 ｜ 이명원

초판 1쇄 ｜ 2024년 5월 7일

발행처 ｜ (주)비앤씨월드 출판등록 1994.1.21 제 16-818호
주소 ｜ 서울특별시 강남구 선릉로 132길 3-6 서원빌딩 3층
전화 ｜ (02)547-5233　　팩스 ｜ (02)549-5235
홈페이지 ｜ http://bncworld.co.kr
블로그 ｜ http://blog.naver.com/bncbookcafe
인스타그램 ｜ @bncworld_books
진행 ｜ 홍서진　　사진 ｜ 이재희　　디자인 ｜ 박갑경
ISBN 979-11-86519-79-0　13590